“十三五”高职高专规划教材 公共课系列

JI SUAN JI YING YONG JI CHU

计算机应用基础

实训指导与练习

Windows 7 + Office 2010

主编 王志宏 吕文官

中国海洋大学出版社

·青岛·

图书在版编目(CIP)数据

计算机应用基础实训指导与练习：Windows 7+Office 2010/王志宏，吕文官主编. —青岛 ：中国海洋大学出版社，2017.8

ISBN 978-7-5670-1545-6

Ⅰ. ①计… Ⅱ. ①王… ②吕… Ⅲ. ①Windows 操作系统－高等学校－教学参考资料②办公自动化－应用软件－高等学校－教学参考资料 Ⅳ. ①TP316.7②TP317.1

中国版本图书馆 CIP 数据核字(2017)第 200563 号

出版发行 中国海洋大学出版社
社　　址 青岛市香港东路 23 号　　**邮政编码** 266071
出 版 人 杨立敏
网　　址 http://www.ouc-press.com
电子信箱 sjyybook@163.com
订购电话 010-60739092
责任编辑 王积庆　　**电　　话** 0532-85902349
印　　制 廊坊市广阳区九洲印刷厂
版　　次 2017 年 8 月第一版
印　　次 2017 年 8 月第一次印刷
成品尺寸 185 mm×260 mm
印　　张 11.25　　**印　　数** 1-3000
字　　数 210 千
定　　价 29.50 元

前言 Preface

本书包括2个主要部分：第一篇，上机实验指导；第二篇，基础练习题。

上机实验指导内容包括计算机基本操作，实验内容主要包括计算机键盘的分布、操作方法与基本汉字输入方法；Windows 7 中文操作系统，实验内容主要包括 Windows 7 基本操作、文件与文件夹操作及控制面板中常用操作；中文文字处理软件 Word 2010，实验内容主要包括 Word 2010 基本操作、图文混排、表格设计及应用提高；中文电子表格处理软件 Excel 2010，实验内容包括 Excel 2010 基础知识、基本操作、公式与函数的使用、数据分析及图表操作；中文电子演示文稿处理软件 PowerPoint 2010，实验内容包括 PowerPoint 2010 基本操作、编辑演示文稿、动画效果与超链接及综合练习；计算机网络基础及 Internet 应用，实验内容主要包括浏览器的基本使用方法、搜索引擎使用、文件下载、收发电子邮件以及资源共享的使用方法。

基础练习题的内容主要包括各章节基本理论与应用知识点的总结。

本书具有简明、实用、操作性强等特点，着重强调任务驱动，既可作为高等院校各专业计算机基础教学的配套实验教材，又可作为一般读者自学和专业人员的参考书，也可作为培训教材。

由于作者水平有限，书中若存在错漏，敬请读者批评指正。

编者

目录 Contents

第一篇 上机实验指导

实验1 计算机基本操作

实验目的

(1)认识计算机键盘,熟悉键盘的不同区域。

(2)掌握使用键盘的正确姿势、击键规则和击键时手指的键位分工。

(3)掌握汉字输入法的使用。

任务1 键位练习

任务目的

(1)熟悉键盘各区域,并区分它们的功能。

(2)掌握击键规则和键位分工。

任务描述

认识键盘,根据键位分工和指法要领进行打字练习。

操作步骤

(1)认识键盘。要学习使用计算机,先要认识计算机键盘,图1-1即为常见的计算机键盘。键盘分区如图1-2所示。主键盘区如图1-3所示。常用控制键如图1-4所示。各个键的功能如下。

1)跳格键:制表定位键,每按一次,光标向右移动8个字符。

2)大写字母锁定键:控制26个字母大小写的输入,当“键盘提示区”中Caps Lock灯亮起,表示此时输入的字母为大写,反之为小写。

3)换档键:用于输入上档字符,也可以切换英文字母的大小写。

4)控制键:一般与其他键配合使用,如要保存文档可按Ctrl+S键,复制文件可按Ctrl+C键。

5)Windows键:在Windows操作系统,按该键可打开“开始”菜单。

6)转换键:不单独使用,主要与功能键配合使用,如按Alt+F4键可关闭窗口。

7)空格键:按一次空格键,光标向右移动一格,产生一个空字符,如光标后有字符,则光标后的所有字符将向右移动一个位置。

8)快捷菜单键:按下该键后会弹出相应的快捷菜单,相当于单击鼠标右键。

9)回车键:确认并执行输入的命令。在输入文字时,按此键光标移动到下一行行首。

10)退格键:每按一次,将删除光标左侧的一个字符。

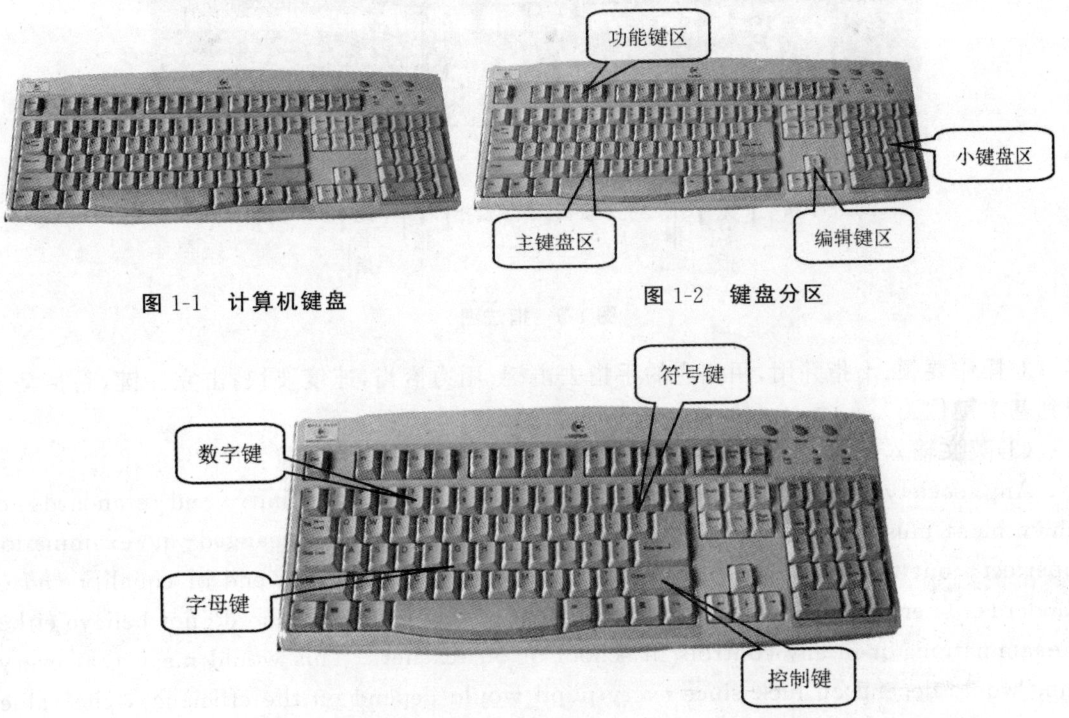

图 1-1 **计算机键盘**

图 1-2 **键盘分区**

图 1-3 **主键盘区**

图 1-4 **常用控制键**

(2)键盘指法操作要领。

1)基本键位:“A”“S”“D”“F”

“J”“K”“L”“;”

2)操作手法:将左右手的食指分别放在 F 和 J 两个键上,其他手指依次放在对应的键上,每个手指控制一个竖排,手指向上或向下敲击所控制的键。左右手的食指分别控制 F、G

和 H、J 分别对应的两个竖排。如图 1-5 所示。

图 1-5　指法图

3）操作要领：十指并用，用相应的手指去击键；用力恰当，速度要快；击完一键，手指马上回到基本键位。

（3）英文输入练习。启动一个文字处理软件，如 Word，输入字符：

Any society which is interested in equality of opportunity and standards of achievement must regularly test its pupils. The standards may be changed—no examination is perfect—but to have to tests or examinations would mean the end of equality and of standards. There are groups of people who oppose this view and who do not believe either in examinations or in any controls in school or on teachers. This would mean that everything would depend on luck since every pupil would depend on the efficiency, the values and the purpose of each teacher.

任务 2　输入法的切换与汉字输入法工具栏

任务目的

（1）学会使用鼠标切换输入法。

（2）掌握使用键盘组合键切换输入法。

（3）理解输入法工具栏上各按钮的意义。

任务描述

（1）用鼠标选择输入法。

（2）用键盘选择输入法。

（3）针对输入法工具栏，用鼠标和键盘切换中英文、全角/半角、中英文标点和软键盘。

（4）输入特殊字符。

操作步骤

(1)在 Windows 系统中已经预先安装了多种输入法,还可以根据需要安装其他汉字输入法,如紫光华宇拼音、搜狗等,使用时根据需要选择输入法。

(2)用鼠标选择输入法。用鼠标单击屏幕右下角任务栏上的输入法指示器,会弹出如图 1-6 所示的输入法切换菜单,用鼠标单击想要的输入法即可。

微软拼音输入法 2003
中文(中国)
✔ QQ拼音输入法
中文(简体) - 全拼
王码五笔型输入法 86 版
智能ABC输入法 5.0 版

图 1-6　输入法切换菜单

(3)用键盘选择输入法。在系统默认情况下,使用"Ctrl＋Shift"组合键可以在多种输入法之间进行切换,按下"Shift＋空格"组合键可以在中文输入法和英文输入法之间进行切换。

(4)无论用鼠标还是用键盘选择一种中文输入法,屏幕上都会出现一个输入法工具栏,如选择的是微软拼音输入法 2003,则出现 经典 中 输入法工具栏。

1)输入法按钮:表明一种中文输入方法,如微软拼音 2003 的输入法按钮为 ,可用"Ctrl＋Shift"组合键进行切换。

2)中英文切换按钮:用鼠标单击该按钮,可以在输入中文和输入英文之间进行切换。当按钮上显示的图标是 中 时,表示处于中文输入状态;当按钮上显示的图标是 英 时,表示处于英文输入状态。

3)全角/半角切换按钮:当图标为 时,表示半角输入状态,输入的英文和数字的宽度只有汉字的一半,在内存中作为西方符号保存。当图标为 时,表示全角输入状态,输入的英文、数字和任何符号都和汉字一样宽,在内存中作为汉字来保存。全角/半角切换可用"Shift＋空格"组合键。

4)中英文标点切换按钮:当图标为 时,表示中文标点方式,输入的标点符号为中文形式。当图标为 时,表示英文标点输入方式,输入的标点符号为英文形式。中英文标点符号对照表如表 1-1 所示。

表 1-1　中英文标点符号对照

英文标点符号	中文标点符号	英文标点符号	中文标点符号	英文标点符号	中文标点符号
,	,	＜	《	#	#
.	。	＞	》	$	¥
;	;	?	?	%	%
‘	‘和’	:	:	^	……
\[	【	“	“和”	&	&
\]	】	~	~	*	*
/	、	!	!	(	(
\\	、	@	@	)	)

5)软键盘按钮：软键盘是一个在屏幕上模拟出的键盘，在输入法工具栏的“功能菜单”按钮上单击，会弹出一个选择菜单，如图 1-7 所示。Windows 提供了 13 个软键盘，选择一个后即可输入在键盘上无法直接输入的各种特殊字或符号。单击“软键盘”按钮即可打开软键盘，再次单击“软键盘”按钮可关闭软键盘。图 1-8 是打开的“标点符号”软键盘。

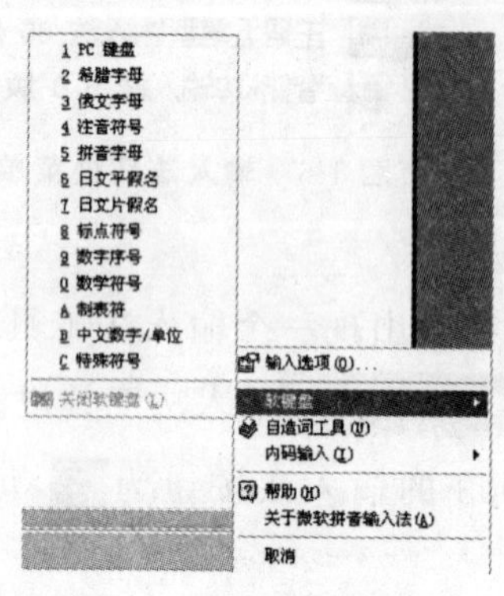

图 1-7 软键盘选择菜单

图 1-8 “标点符号”软键盘

提示： 有些输入法工具栏上没有“功能菜单”按钮，则直接右击“软键盘”按钮即可出现选择软键盘显示内容的菜单。不同输入法因设置不同，可能打开软键盘选择菜单的方法也不同。

(5)特殊符号输入练习。启动一个文字处理软件，如 Word，输入特殊字符：

1)标点符号：。 ， 、 ： … ～ 〖 【 《 「

2)数学符号：≈ ≠ ⩽ ≮ ∷ ± ÷ ∫ Σ Π

3)特殊符号：§ № ☆ ★ ○ ● ◎ ◇ ◆ ※

任务 3 搜狗拼音输入法

任务目的

(1)下载并安装搜狗拼音输入法。

(2)会使用搜狗拼音输入法输入汉字。

任务描述

搜狗拼音输入法是当前较流行、用户好评率较高、功能较强大的拼音输入法。

(1)使用百度搜索搜狗拼音输入法软件，下载并安装该输入法。

(2)启动一种文字处理软件，使用搜狗拼音输入法输入汉字。

操作步骤

(1)下载并安装搜狗拼音输入法。用百度网站搜索搜狗拼音输入法程序,下载该软件至本机。一般网上所下载的软件有时为压缩软件,可将其解压缩出可执行文件后进行安装。按照软件提示,一步步安装到本机。

(2)使用搜狗拼音输入法。启动一个文字处理软件,如 Word,然后再切换到搜狗拼音输入法,在屏幕右下角会显示搜狗拼音输入法工具栏 S中 ,这时就可以使用搜狗拼音输入法了。输入文字:

黄帝内经

素问・咳论

黄帝问曰:肺之令人咳,何也?

岐伯对曰:五藏六府皆令人咳,非独肺也。

帝曰:愿闻其状。

岐伯曰:皮毛者,肺之合也,皮毛先受邪气,邪气以从其合也。其寒饮食入胃,从肺脉上至于肺,则肺寒,肺寒则外内合邪,因而客之,则为肺咳。五藏各以其时受病,非其时,各传以与之。人与天地相参,故五藏各以治时,感于寒则受病,微则为咳,甚者为泄为痛。乘秋则肺先受邪,乘春则肝先受之,乘夏则心先受之,乘至阴则脾先受之,乘冬则肾先受之。

帝曰:何以异之?

岐伯曰:肺咳之状,而喘息有音,甚则唾血。心咳之状,则心痛,喉中介介如梗状,甚则咽肿喉痹。肝咳之状,咳则两胁下痛,甚则不可以转,转则两胠下满。脾咳之状,咳则右胁下下痛,阴阴引肩背,甚则不可以动,动则咳剧。肾咳之状,咳则腰背相引而痛,甚则咳涎。

帝曰:六府之咳奈何?安所受病?

岐伯曰:五藏之久咳,乃移于六府。脾咳不已,则胃受之,胃咳之状,咳而呕,呕甚则长虫出。肝咳不已,则胆受之,胆咳之状,咳呕胆汁,肺咳不已,则大肠受之,大肠咳状,咳而遗失。心咳不已,则小肠受之,小肠咳状,咳而失气,气与咳俱失。肾咳不已,则膀胱受之,膀胱咳状,咳而遗溺。久咳不已,则三焦受之,三焦咳状,咳而腹满,不欲食饮,此皆聚于胃,关于肺,使人多涕唾而面浮肿气逆也。

帝曰:治之奈何?

岐伯曰:治藏者治其俞,治府者治其合,浮肿者治其经。

帝曰:善。

实验2 Windows 7基本操作

实验目的

(1)了解并熟悉 Windows 7 的功能。

(2)了解并掌握 Windows 7`的基本操作。

任务1 Windows 7 系统的启动、待机和退出

任务目的

(1)掌握 Windows 7 系统的启动。

(2)掌握 Windows 7 系统的退出。

(3)掌握计算机的 3 种启动模式。

(4)熟悉 Windows 7 系统启动的过程。

任务描述

启动机箱上的电源按钮，观察 Windows 7 系统启动的过程，启动后注销计算机，再次进入 Windows 7 系统桌面。

操作步骤

(1)按下机箱上的电源按钮，启动 Windows 7 系统。

(2)等待几分钟后进入到 Windows 7 系统桌面，如图 2-1 所示。

(3)单击“开始”菜单，执行“关机”命令右侧箭头按钮 关机 ▷，在弹出的快捷菜单中选择“注销”命令，如图 2-2 所示。

(4)再次按下用户名，重新返回到 Windows 7 系统桌面。

图 2-1　Windows 7 系统桌面

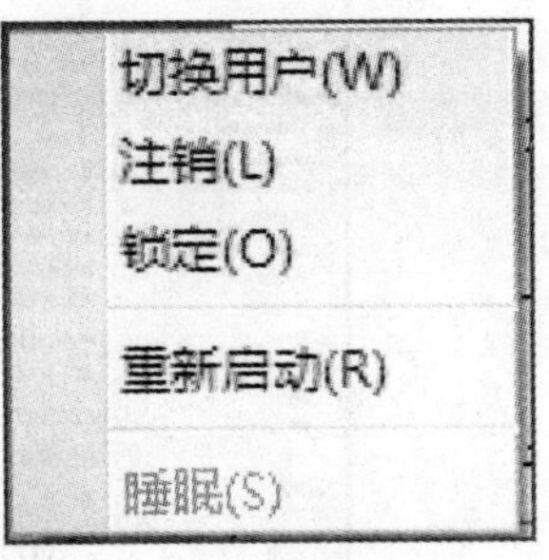

图 2-2　“关机”快捷菜单

任务 2　添加和删除桌面快捷图标

任务目的

(1)认识并熟悉桌面的组成。

(2)了解并掌握桌面图标的作用。

(3)掌握添加桌面快捷图标的方法。

(4)掌握删除桌面快捷图标的方法。

任务描述

在开始菜单中,将程序图标添加到桌面快捷方式,删除桌面快捷图标。

操作步骤

(1)添加桌面快捷方式。单击“开始”菜单,执行“所有程序”命令,在弹出的列表中右击“Windows Media Player”,在弹出的快捷菜单中选择“发送到—桌面快捷方式”命令,如图 2-3 所示。

(2)删除桌面快捷方式。返回桌面,在刚添加的“Windows Media Player”快捷方式上右击,在弹出的快捷菜单中选择“删除”命令,如图 2-4 所示。在弹出的“确认文件删除”对话框中单击“是”按钮,如图 2-5 所示。或选中图标按下键盘上的“Delete”键再按下“Enter”键,完成删除。

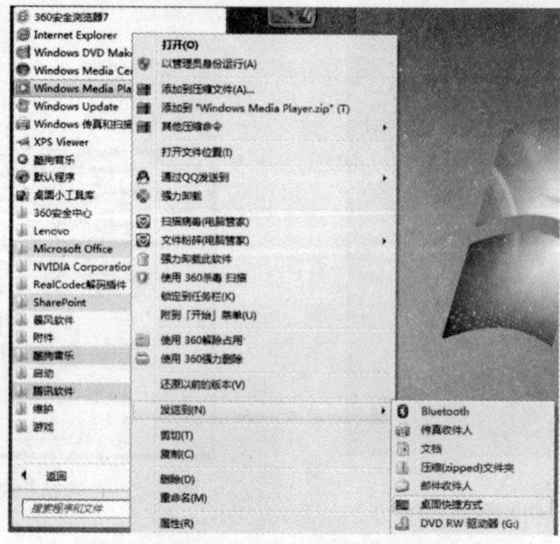

图 2-3　添加桌面快捷方式

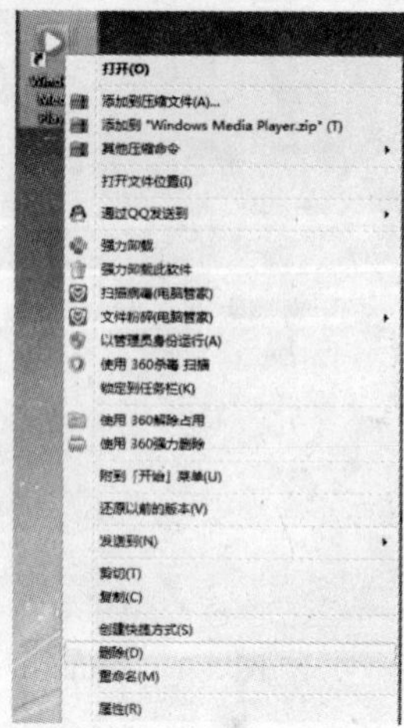

图 2-4　“删除”命令

图 2-5　“确认文件删除”对话框

任务 3　任务栏基本设置

任务目的

(1)认识并熟悉任务栏的组成。

(2)熟悉并掌握任务栏的作用。

(3)掌握更改任务栏的大小。

(4)掌握如何移动任务栏的位置。

(5)了解并熟悉设置任务栏自动隐藏。

任务描述

对任务栏进行自动隐藏、更改大小、移动位置的设置。

操作步骤

(1)在任务栏上右击，在弹出的快捷菜单中选择“属性”命令，打开“任务栏和「开始」菜单属性”对话框，如图 2-6 所示。

(2)设置任务栏自动隐藏。在“任务栏”选项卡，勾选“自动隐藏任务栏”前的复选框，然后单击“确定”按钮，此时任务栏会自动隐藏。

(3)取消任务栏自动隐藏。再次打开“任务栏和「开始」菜单属性”对话框，去掉“自动隐藏任务栏”前面的对号，单击“确定”按钮。

(4)调整任务栏大小。在任务栏上右击，在弹出的快捷菜单中选择“锁定任务栏”，如图 2-7 所示。此时该命令前面的对号消失，鼠标放在任务栏的边缘，鼠标会变成两端箭头的样子，按住鼠标左键不放向上拖动鼠标，任务栏会变大，如图 2-8 所示，用同样的方法向下拖动使任务栏变回原位。

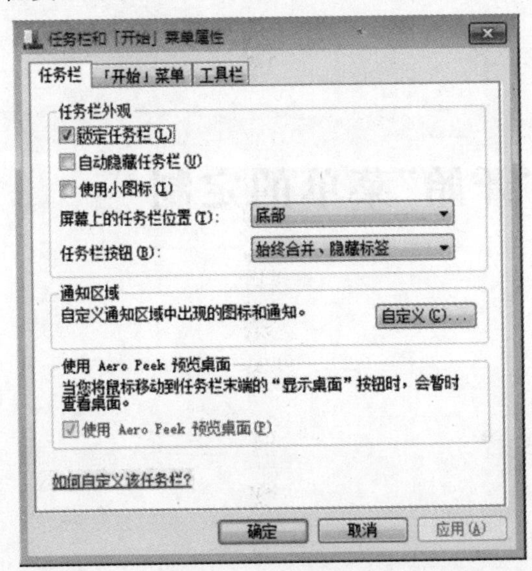

图 2-6　“任务栏和「开始」菜单属性”对话框

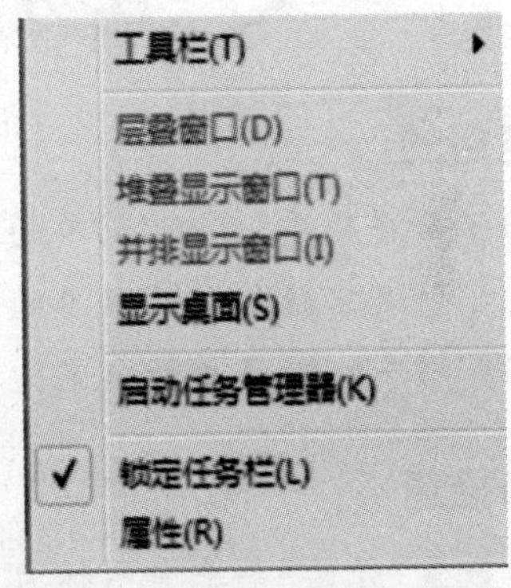

图 2-7　任务栏右键快捷菜单

图 2-8　变宽后的任务栏

(5)调整任务栏位置。将鼠标放在任务栏上，按住鼠标左键不放向右方拖动鼠标，任务栏会更改位置到右边，如图 2-9 所示。

图 2-9 更改任务栏位置

(6)还原任务栏。将鼠标放在任务栏上，按住左键不放拖动鼠标向下方移动，使任务栏回归原位。

任务4 "开始"菜单的定制

任务目的

(1)了解并熟悉"开始"菜单的组成。

(2)了解并掌握"开始"菜单的作用。

(3)掌握"开始"菜单的自定义设置。

任务描述

(1)设置"开始"菜单中图标为小图标。

(2)设置"开始"菜单中不显示"游戏"项目。

(3)设置"开始"菜单中要显示的最近打开过的程序的个数为8，设置要显示在跳转列表中的最近使用的项目数为8。

操作步骤

(1)设置"开始"菜单中图标为小图标。在"开始"菜单上右击，在弹出的快捷菜单中选择"属性"命令，打开"任务栏和「开始」菜单属性"对话框，在弹出的对话框中选择"自定义"按钮，在弹出的"自定义「开始」菜单"对话框中取消"使用大图标"复选框，如图 2-10 所示，依次单击"确定"按钮。

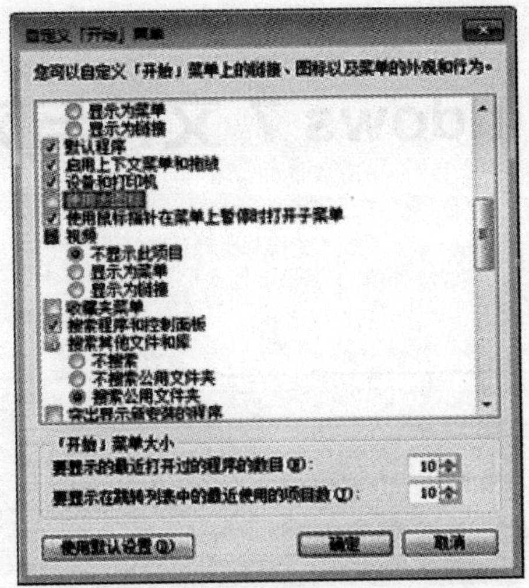

图 2-10 设置“开始”菜单图标大小

(2)在弹出的“自定义「开始」菜单”对话框中,游戏项目下选择“不显示此项目”;在「开始」菜单大小下,设置开始菜单中要显示的最近打开过的程序的数目为 8,要显示在跳转列表中的最近使用的项目数为 8。如图 2-11 所示。

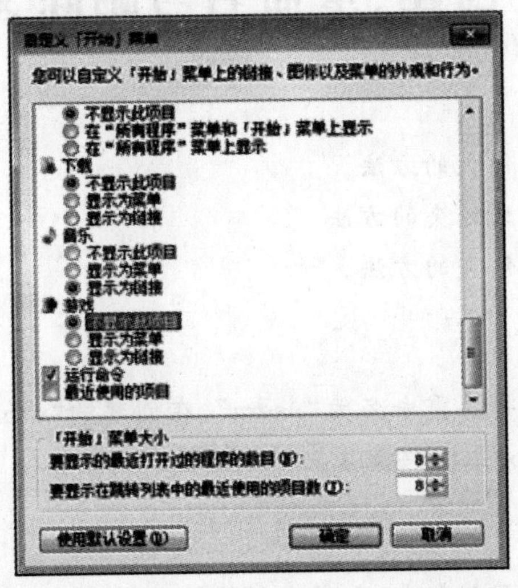

图 2-11 设置不显示“游戏”项目和菜单大小

实验3 Windows 7 文件与文件夹操作

实验目的

(1)了解文件与文件夹的概念。

(2)掌握文件与文件夹的属性。

(3)掌握文件与文件夹的基本操作。

任务1 创建、重命名与删除文件和文件夹

任务目的

(1)掌握创建文件与文件夹的方法。

(2)掌握重命名文件与文件夹的方法。

(3)掌握删除文件与文件夹的方法。

任务描述

在桌面上创建文件夹，将其重命名为“usera”，在创建的“usera”文件夹中创建一个文本文件，将其命名为“hbdjks.txt”，再将整个文件夹删除。

操作步骤

(1)新建文件夹。在桌面上右击，在弹出的快捷菜单中执行“新建—文件夹”命令，如图3-1所示。此时在桌面上出现一个“新建文件夹”图标。

(2)重命名文件夹。右击“新建文件夹”，在弹出的快捷菜单中选择“重命名”，如图 3-2 所示。输入文件夹名“usera”，回车。

(3)新建文本文档。双击打开“usera”，在右侧窗格中单击鼠标右键，选择“新建—文本文档”命令，如图 3-3 所示。出现一个文本文档图标。

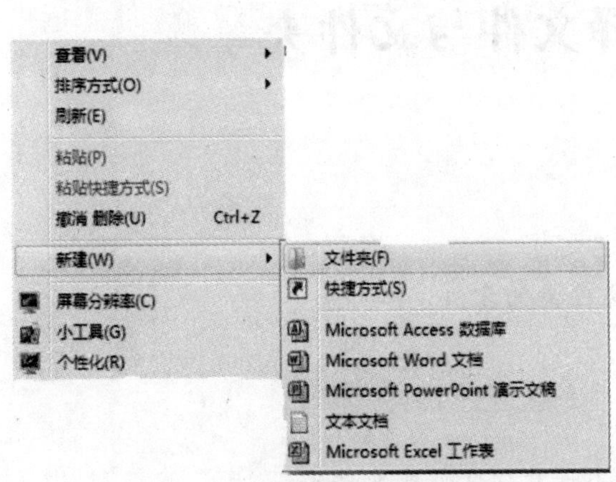

图 3-1　右键选择"新建—文件夹"

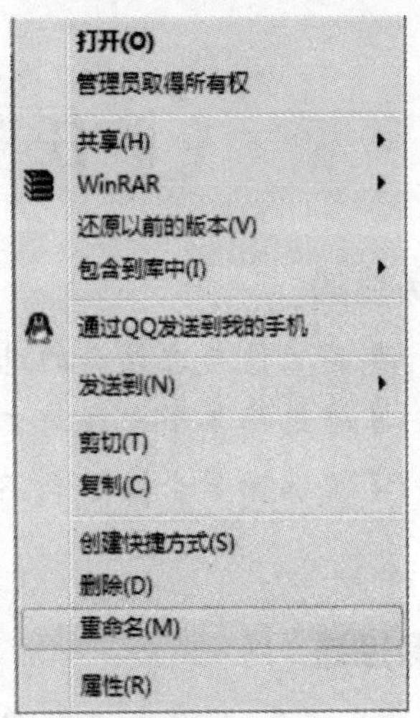

图 3-2　右键选择"重命名"

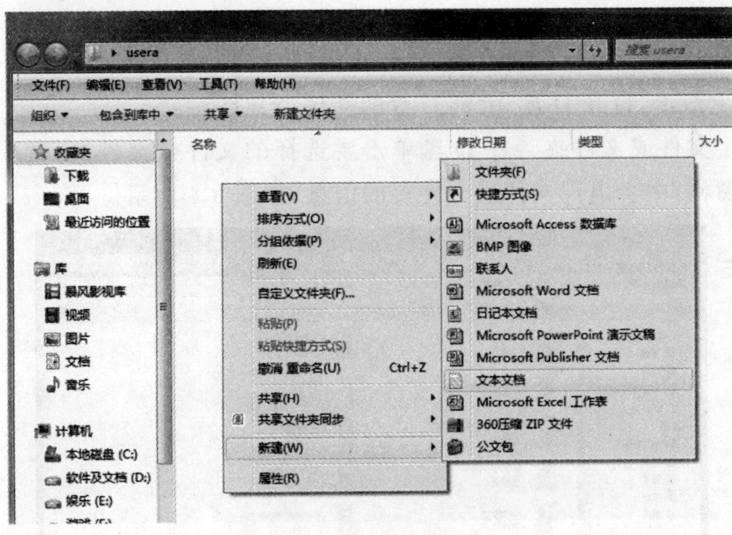

图 3-3　创建文本文档

(4)重命名文本文档。采用和(2)中相同的方法为文本文档重命名。

提示：观察该台电脑是否处在显示扩展名的状态。如显示扩展名，则重命名为"hbdjks.txt"；如未显示扩展名，则重命名为"hbdjks"。

(5)删除文件夹。关闭"usera"，回到桌面，在"usera"上右击，选择"删除"命令，在弹出的"删除文件夹"对话框中单击"是"按钮；或者单击鼠标左键选中"usera"，按下键盘上的 Delete 键，再按下键盘上的 Enter 键。

提示：如要将文件或文件夹彻底删除，则按住 Shift 键点击"删除"命令。

任务2　选择文件与文件夹

任务目的

(1)熟悉文件与文件夹的选择。

(2)掌握选择单个文件与文件夹的方法。

(3)掌握选择多个连续或不连续的文件与文件夹的方法。

任务描述

打开文件夹，用鼠标选择单个、多个连续或不连续的文件或文件夹。

操作步骤

(1)双击桌面上的“计算机”图标，打开“计算机”窗口。

(2)在D盘上双击，打开D盘，浏览D盘的文件与文件夹。

(3)选择单个文件或文件夹。在D盘单击要选择的文件或文件夹，选中后在窗口下侧“显示详细信息窗格”中会出现文件或文件夹的信息，如图3-4所示。

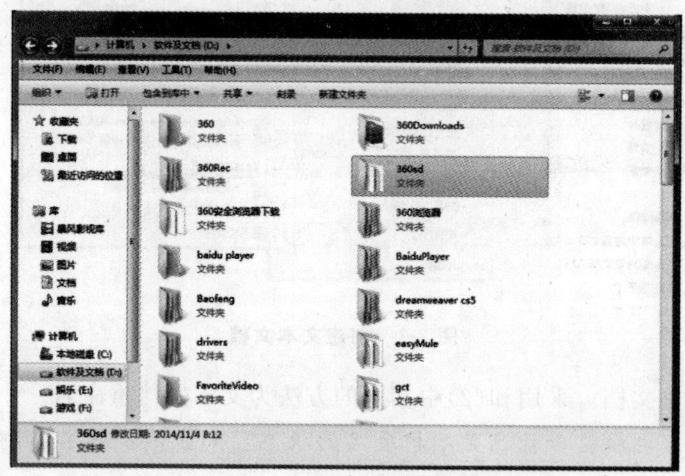

图3-4　选中单个文件夹并查看文件夹信息

(4)连续性选择。返回“计算机”窗口，打开C盘，双击打开“Program Files”文件夹，单击选中需要选择的第一个文件夹，按住Shift键不放，单击最后一个需要选取的文件夹。

(5)取消选择。在文件夹空白的地方单击一下。

(6)不连续性选择。单击选中需要选择的第一个文件夹，按住Ctrl键不放，依次单击其他需要选取的文件夹。

任务3　文件与文件夹的复制和移动

任务目的

(1)掌握文件与文件夹的复制。

(2)掌握文件与文件夹的移动。

(3)掌握资源管理器的操作和使用。

任务描述

打开资源管理器,在左窗格出现的树形列表中选择D盘。在D盘创建userb文件夹,在userb中创建一个Word文档"hbdjks.docx",将此文档复制一份到桌面,再将复制到桌面上的hbdjks.docx移动到E盘。

操作步骤

(1)右键单击"开始"菜单,在弹出的快捷菜单中选择"打开资源管理器"命令,打开资源管理器,如图3-5所示。

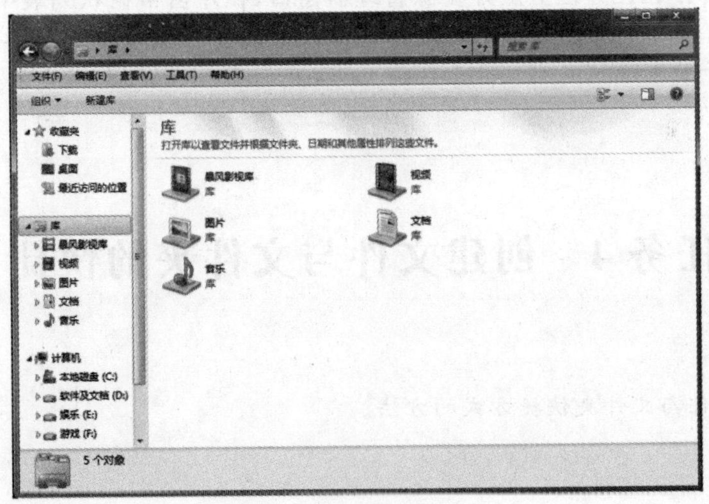

图3-5　资源管理器窗口

(2)在导航窗格中,用鼠标单击"本地磁盘(D:)",右窗格显示的就是D盘的内容,用任务1所示方法创建并重命名文件夹及Word文档。

(3)复制文件。在Word文档上右击,在弹出的快捷菜单中选择"复制"命令或使用键盘上"Ctrl+C"组合键实现复制,如图3-6所示。

(4)粘贴文件。单击任务栏最右侧的"显示桌面"按钮 ,在桌面空白处右击,选择"粘贴”命令或使用键盘上“Ctrl＋V”组合键实现粘贴，如图 3-7 所示。

(5)剪切文件。在桌面上，右击 Word 文档图标，选择“剪切”命令或按下键盘上“Ctrl＋X”组合键实现剪切，如图 3-8 所示。

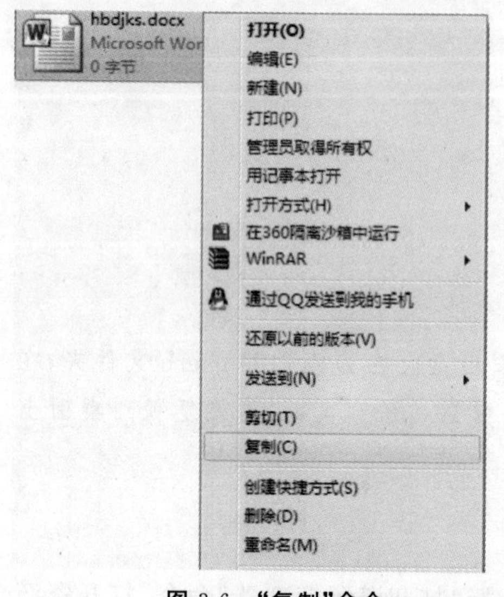

图 3-6 **“复制”命令**

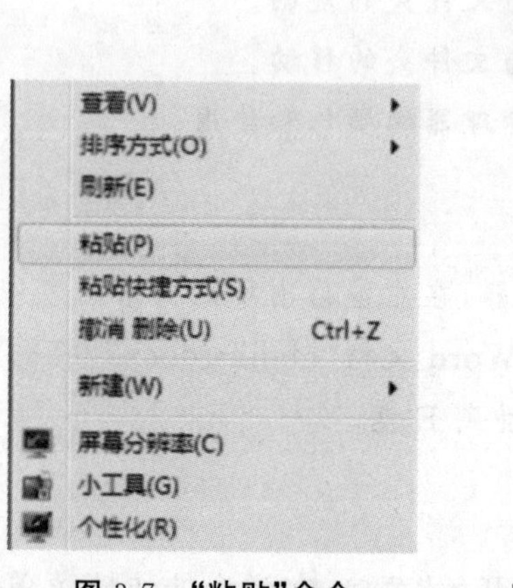

图 3-7 **“粘贴”命令**

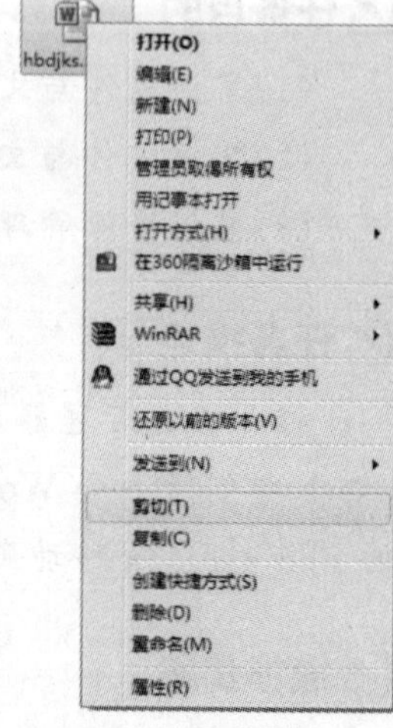

图 3-8 **“剪切”命令**

(6)粘贴文件。在任务栏上点开资源管理器窗口，在左窗格树状列表中单击“本地磁盘(E:)”，在右窗格空白处右击，选择“粘贴”命令或按下键盘上“Ctrl＋V”组合键实现粘贴。

任务 4 创建文件与文件夹的快捷方式

任务目的

掌握创建文件与文件夹快捷方式的方法。

任务描述

在桌面上，为任务 3 中已经移动到 E 盘的 Word 文档“hbdjks.docx”创建快捷方式。

操作步骤

创建快捷方式。打开 E 盘，复制“hbdjks.docx”文件。返回到桌面，空白处右击，选择“粘贴快捷方式”命令，如图 3-9 所示。

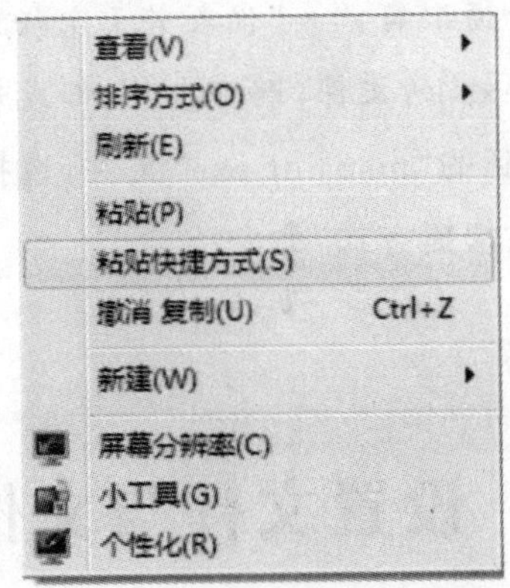

图 3-9　“粘贴快捷方式”命令

任务 5　搜索文件与文件夹

任务目的

掌握搜索文件与文件夹的方法。

任务描述

在 C:\\WINDOWS 文件夹范围，搜索“mspaint.exe”文件，并在任务 3 中创建的“userb”文件夹中建立其快捷方式。

操作步骤

(1)打开资源管理器，在导航窗格双击 C 盘，双击打开右窗格下的 WINDOWS 文件夹，在搜索框“搜索 Windows”中输入“mspaint.exe”，搜索结果如图 3-10 所示。

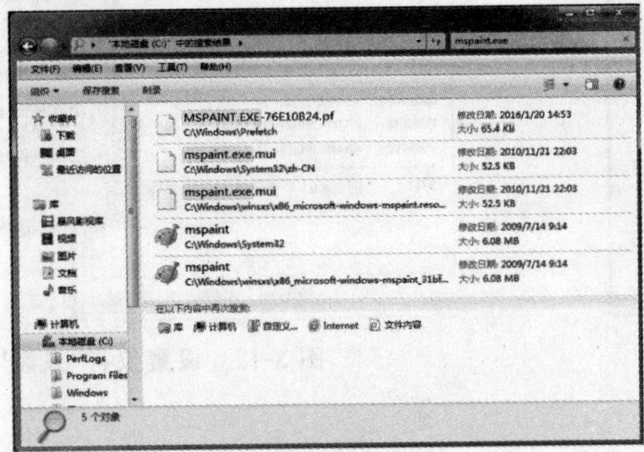

图 3-10　搜索结果

提示:搜索时,文件名可包含通配符,“*”代表若干个任意字符,“?”代表一个任意字符。如要搜索以“g”开头,扩展名为“exe”的文件,则可在“全部或部分文件名”处填写 g*.exe。

(2)创建快捷方式。右击搜到的“mspaint.exe”文件,选择“复制”命令。打开“userb”文件夹,在空白处,右击,选择“粘贴快捷方式”命令。

任务6 设置文件与文件夹的属性

任务目的

掌握文件与文件夹属性的设置。

任务描述

在桌面上创建 Excel 文件“hbdjks.xlsx”,并将其设置为仅有“只读”“隐藏”属性。

操作步骤

(1)新建 Excel 文件。在桌面空白处,右击,选择新建—Microsoft Excel 工作表命令,将其重命名为“hbdjks.xlsx”。

(2)设置 Excel 文件属性。右击“hbdjks.xlsx”,选择“属性”命令,如图 3-11 所示。在“hbdjks.xlsx 属性”窗口,勾选“只读”“隐藏”前面的复选框,点击“高级”按钮,去掉“可以存档文件(A)”前的对号,如图 3-12 所示。

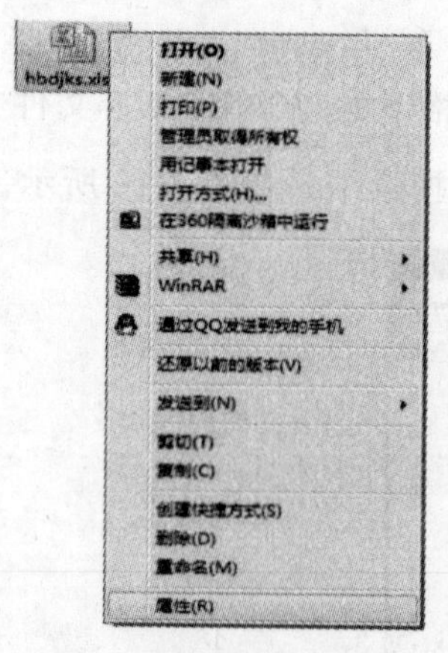

图 3-11 “属性”命令

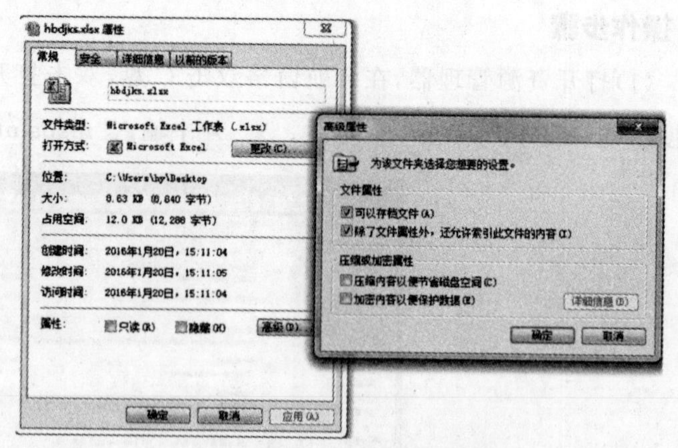

图 3-12 设置仅有“只读”“隐藏”属性

任务7　使用抓图命令制作图片文件

任务目的

(1)掌握抓当前屏幕的方法。

(2)掌握抓当前活动窗口的方法。

任务描述

在桌面上打开"个性化"窗口,使用抓图命令抓取当前屏幕图像,形成图片文件"当前屏幕.bmp"保存在桌面上。抓取桌面上的"个性化"活动窗口,形成图片文件"当前活动窗口.bmp"保存在桌面上。

操作步骤

(1)打开"个性化"窗口。在桌面空白处右击,在弹出的快捷菜单中选择"个性化"命令。

(2)抓当前屏幕。按下键盘上的 Print Screen 键,执行"开始—所有程序—附件—画图"命令,打开画图应用程序,执行"编辑—粘贴"命令,执行"文件—保存"命令,打开"保存为"对话框,确定保存在:桌面,文件名:当前屏幕,保存类型:24 位位图,如图 3-13 所示。

图 3-13　保存图片

(3)抓活动窗口。切换到桌面,按住 Alt 键不放,再按下 Print Screen 键,执行开始—所有程序—附件—画图命令,打开画图应用程序,执行编辑—粘贴命令,执行文件—保存命令,打开"保存为"对话框,确定保存在:桌面,文件名:当前活动窗口,保存类型:24 位位图。

任务8　查看计算机的属性及库的操作

任务目的

(1)掌握查看计算机系统属性的方法。

(2)掌握库的操作的方法。

任务描述

(1)查看计算机上安装的操作系统版本、计算机内存大小及处理器主频。

(2)建一个名为“考试”的新库，将桌面上的新建文件夹放到新库中。

操作步骤

(1)右击桌面上的“计算机”图标，在弹出的快捷菜单中选择“属性”命令，在打开的系统属性窗口中可以查看到系统版本、计算机内存大小及处理器主频。

(2)单击“开始”菜单中“计算机”命令打开“资源管理器”窗口，单击左边导航窗格中“库”，单击菜单栏下的“新建库”，将新建库的名称改为“考试”，如图 3-14 所示。

(3)右击桌面上“新建文件夹”图标，在弹出的快捷菜单中选择包含到库中—考试命令，

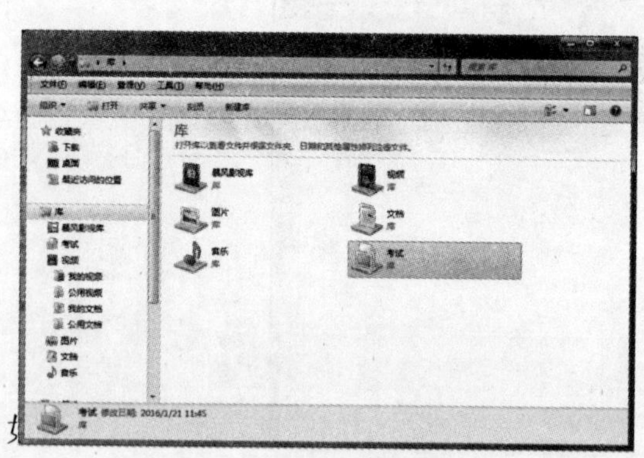

图 3-14　新建“考试”库

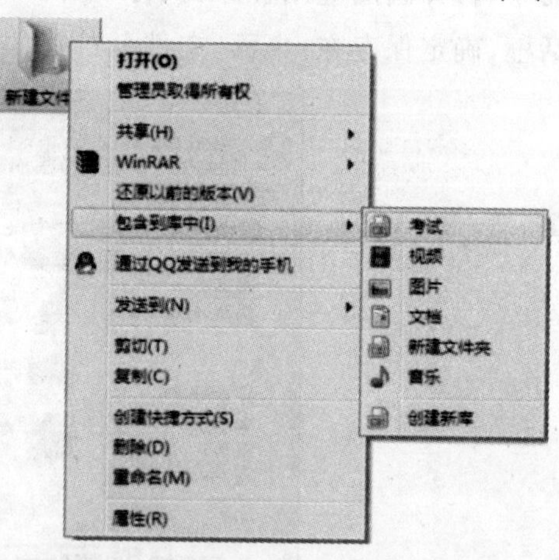

图 3-15　将“新建文件夹”包含到“库”

任务9　用运行命令运行程序

任务目的

掌握运行命令。

任务描述

使用运行命令运行“mspaint.exe”程序。

操作步骤

使用运行命令运行“mspaint.exe”程序。点击“开始”菜单，执行“运行”命令，打开“运行”对话框，在“打开”处输入“mspaint.exe”，点击“确定”，如图 3-16 所示。

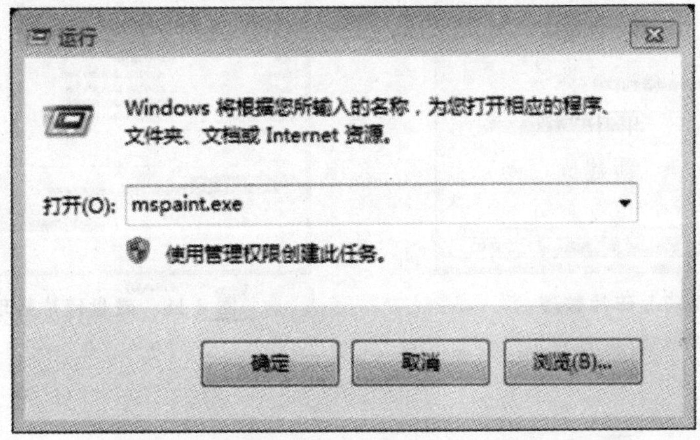

图 3-16　使用“运行”命令打开 mspaint.exe 程序

任务10　清理磁盘碎片

任务目的

(1)熟悉并掌握磁盘属性。

(2)掌握磁盘碎片整理的方法。

任务描述

使用磁盘清理工具整理 E 盘碎片。

操作步骤

(1)打开"计算机",右击"本地磁盘(E:)",选择"属性"命令。

(2)在打开的"本地磁盘(E:)属性"对话框中选择"工具"选项卡,单击"立即进行碎片整理程序"按钮,如图 3-17 所示。

(3)在"磁盘碎片整理程序"对话框中,选中本地磁盘(E:),单击"分析磁盘"按钮,显示碎片的比例,然后单击"磁盘碎片整理"按钮,等待碎片整理,如图 3-18 所示。

(4)整理完成后单击"关闭"按钮,关闭碎片整理程序。

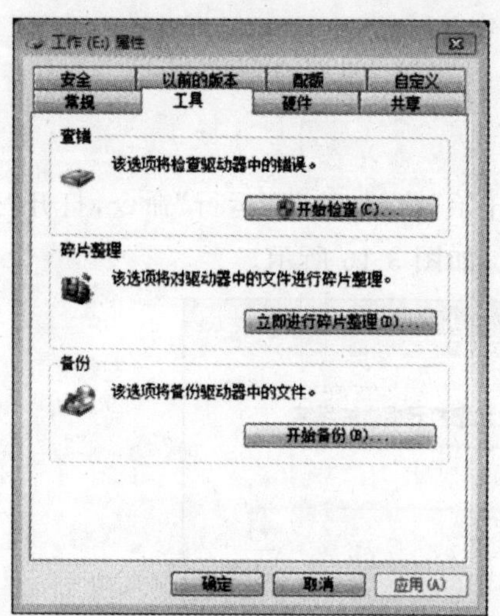

图 3-17 碎片整理

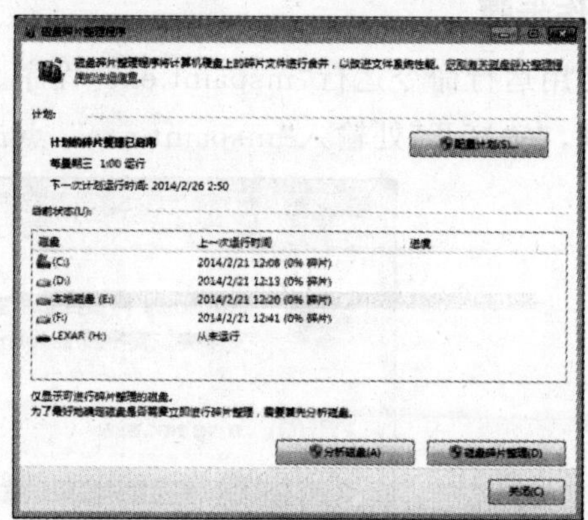

图 3-18 磁盘碎片整理程序

任务 11 回收站管理与操作

任务目的

(1)掌握文件与文件夹的还原方法。

(2)掌握清空回收站的方法。

(3)掌握回收站属性的设置。

任务描述

(1)在桌面上新建文本文档"hbks.txt",将文本文档删除到回收站,打开回收站,还原文本文件并将回收站清空。

(2)设置 C 盘回收站的最大空间为 9000MB。

操作步骤

(1)在桌面上建立文本文档“hbks.txt”,右击鼠标,在弹出的快捷菜单中选择“删除”命令,将“hbks.txt”文件删除到回收站。

(2)还原文件。在桌面上双击“回收站”图标,打开“回收站”窗口,在“hbks.txt”文件图标上右击,选择“还原”命令。

(3)清空回收站。在桌面上“回收站”图标上右击,选择“清空回收站”命令,此时回收站内的文件及文件夹全部清除。

(4)右击桌面上“回收站”图标,在弹出的快捷菜单中选择“属性”命令,打开“回收站属性”对话框。将“常规”选项卡中的C盘回收站最大值设为9000MB,如图3-19所示。

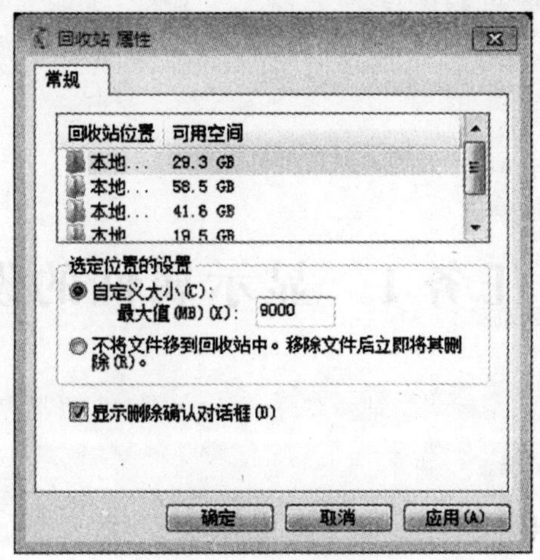

图3-19　设置回收站大小

实验 4 Windows 7 控制面板中常用操作

实验目的

(1)了解控制面板的作用。

(2)掌握控制面板中常用的操作。

任务 1 显示属性的设置

任务目的

掌握显示属性的设置方法。

任务描述

(1)设置屏幕保护程序为“变幻线”，等待时间为 5 分钟。

(2)设置屏幕分辨率为 1280×1024。

操作步骤

(1)在“控制面板”窗口中单击“外观和个性化”图标，在弹出的“外观和个性化”窗口中单击“个性化”设置中的“更改屏幕保护程序”选项。

(2)在弹出的“更改屏幕保护程序设置”对话框中设置屏幕保护程序为“变幻线”，在“等待”文本框中输入 5，单击“应用”按钮。

(3)单击控制面板“显示”设置中的“调整屏幕分辨率”选项，弹出“屏幕分辨率”窗口，单击分辨率选项右侧按钮，拖动屏幕分辨率滑块改变屏幕的分辨率为 1280×1024。单击“确定”按钮，保存设置，如图 4-1 所示。

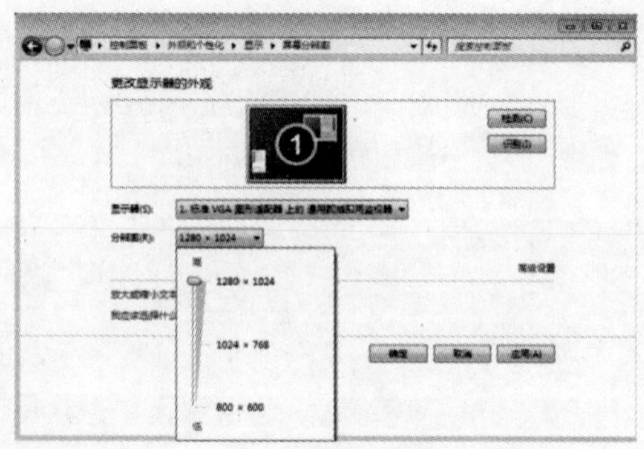

图 4-1 设置屏幕分辨率

任务 2　设置鼠标指针样式

任务目的

(1)了解鼠标属性。

(2)掌握鼠标指针样式的设置方法。

任务描述

在控制面板中打开“鼠标 属性”对话框,设置鼠标的指针样式。

操作步骤

(1)单击“开始”菜单,执行“控制面板”命令,打开“控制面板”窗口,查看方式中选择“小图标”选项,在调整计算机设置中双击“鼠标”图标,打开“鼠标 属性”对话框。

(2)设置指针方案。在“指针”选项卡,设置方案:Windows 黑色(大)(系统方案),如图4-2所示,单击“确定”按钮。

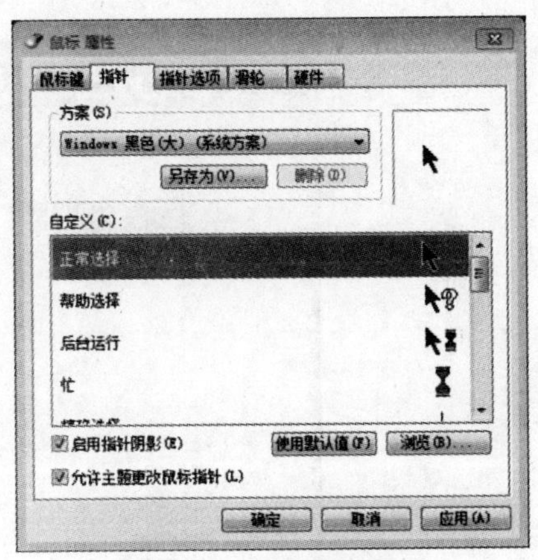

图 4-2　设置鼠标属性

任务 3　创建新用户

任务目的

(1)了解 Windows 7 用户。

(2)了解不同用户的权限。

(3)掌握创建用户的方法。

(4)掌握更改帐户设置的方法。

任务描述

在控制面板中打开“用户帐户和家庭安全”窗口,创建一个新的帐户,设置用户名,更改用户图片。

操作步骤

（1）单击“开始”菜单，执行“控制面板”命令，打开“控制面板”窗口，单击“用户帐户和家庭安全”类别中的“添加或删除用户帐户”命令，打开“管理帐户”窗口，如图 4-3 所示。

（2）创建帐户。单击“创建一个新帐户”命令，进入到“为新帐户起名”窗口，输入新帐户的用户名，单击“下一步”按钮。为新建的帐户选择一种帐户类型，单击“创建帐户”按钮，即创建一个新帐户。

（3）为帐户更改图片。返回到“用户帐户”窗口首页，单击一个帐户图标，进入用户设置。单击“更改我的图片”命令，此时会出现一个图片列表，在列表中选择任意一张图片，单击“更改图片”按钮，即完成图片的更改。

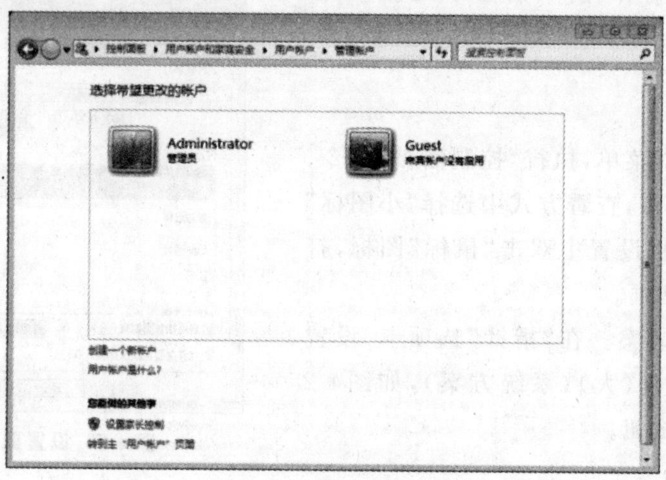

图 4-3 创建新帐户

任务 4 时间和日期的设置

任务目的

掌握时间和日期的设置方法。

任务描述

（1）将系统时间调慢 1 小时。

（2）使任务栏的通知区域不显示系统时钟。

操作步骤

(1)单击任务栏通知区域的时钟指示器,在弹出窗口中单击“更改日期和时间设置”,在弹出的“日期和时间”对话框中单击“日期和时间”选项卡中的“更改日期和时间按钮”,会弹出“日期和时间设置”对话框,在此对话框中修改系统时间,最后单击“确定”按钮。

(2)右击任务栏上“时钟指示器”,在弹出的快捷菜单中选择“属性”命令,打开“系统图标”设置对话框,将系统图标“时钟”的行为改为关闭,最后单击“确定”按钮,如图 4-4 所示。

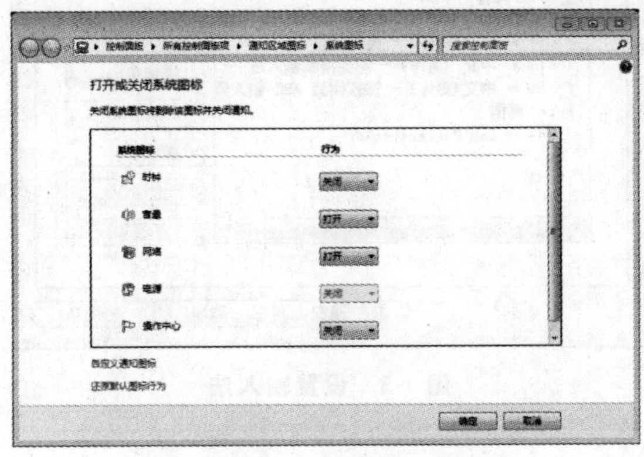

图 4-4　设置关闭时钟

任务 5　输入法的设置

任务目的

掌握输入法的设置。

任务描述

(1)将自己熟悉的输入法语言设为默认输入语言。

(2)设置将语言栏停靠于任务栏。

操作步骤

(1)在“控制面板”中单击“时钟语言和区域”下的“更改键盘或其他输入法”,在弹出的“区域和语言”对话框的“键盘和语言”选项卡中,单击“更改键盘”按钮,在弹出的“文本服务和输入语言”对话框的“常规”选项卡中,选择自己熟悉的一种语言作为默认输入语言,如图 4-5 所示。

(2)选择“文本服务和输入语言”对话框的“语言栏”选项卡,设置语言栏“停靠于任务栏”选项,单击“确定”按钮。

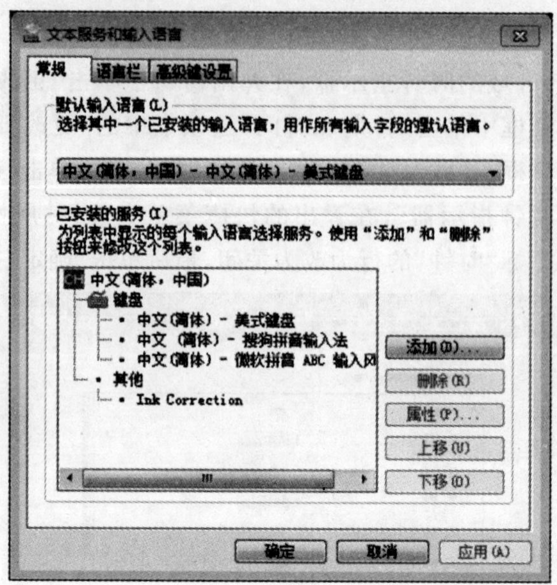

文本服务和输入语言
常规
语言栏
高级键设置
默认输入语言(L)
选择其中一个已安装的输入语言，用作所有输入字段的默认语言。
中文(简体，中国) - 中文(简体) - 美式键盘
已安装的服务(I)
为列表中显示的每个输入语言选择服务。使用“添加”和“删除”按钮来修改这个列表。
中文(简体，中国)
键盘
中文(简体) - 美式键盘
中文 (简体) - 搜狗拼音输入法
中文(简体) - 微软拼音 ABC 输入风
其他
Ink Correction
添加(D)...
删除(R)
属性(P)...
上移(U)
下移(O)
确定
取消
应用(A)

图 4-5　设置输入法

实验 5　Word 2010 基本操作

实验目的

(1)了解文字处理软件的作用。
(2)熟悉 Word 2010 的窗口组成。
(3)掌握 Word 2010 的基本操作。

任务 1　Word 2010 文档的新建、保存与另存

任务目的

(1)了解 Word 2010 的窗口组成。
(2)了解 Word 2010 的功能。
(3)掌握 Word 2010 文档的新建。
(4)掌握 Word 2010 文档的保存。
(5)掌握 Word 2010 文档的另存。
(6)掌握文本的输入。

任务描述

(1)启动 Word 2010,输入文本,如图 5-1 所示。

★本合同由以下双方在河北省唐山市签订★
甲方名称：
乙方名称：××大学医学信息管理系
甲、已双方经过友好协商，在平等互利的原则下，就甲方向乙方购买《药房管理系统》(以下简称“本软件”) 达成协议如下：
乙方同甲方提供《药房管理系统》壹套；
甲方购买《药房管理系统》壹套，每套费用为人民币 13500.00 元整，合计费用人民币 13500.00 元整；
本软件产品的所有版权都归乙方所有，受《中华人民共和国软件保护条例》等知识产权法律及国际条约与惯例的保护，甲方通过本合同获得本软件的使用权；
本协议一式两份，双方各执一份，双方签字盖章后生效。

甲方：
授权代表签字：
单位公章：
日期：　年　月　日
乙方：××大学医学信息管理系
授权代表签字：
单位公章：
日期：　年　月　日

图 5-1　输入的文字内容

(2)将此文件以“CH05-01.docx”为名保存到D盘。

(3)继续对“CH05-01.docx”进行操作，将第一行文字删除。

(4)在第一行插入“《药房管理系统》商业合同”，在第二行插入“合同编号：0001”。

(5)将此文件以“CH05-02.docx”为名另存到D盘。

操作步骤

(1)单击“开始”菜单，执行所有程序－Microsoft Office-Microsoft Office Word 2010，启动Word 2010，输入文字内容。

提示：输入时遇到特殊符号，可使用插入—“符号”组—符号—其他符号输入或使用软键盘输入。

(2)保存文件。执行文件—保存，打开“另存为”对话框，在该对话框的上部确定保存位置：D盘，在对话框的下部确定文件名“CH05-01. docx”，保存类型：Word文档，如图5-2所示。

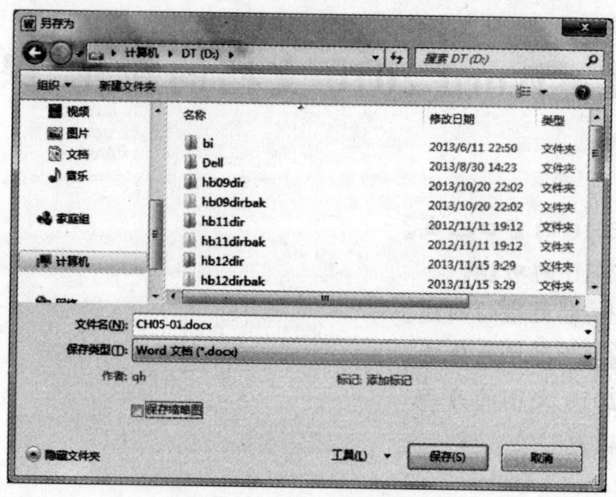

图5-2 “另存为”对话框

(3)删除文本。点击第一行左侧空白处，将第一行选中，按键盘上Delete键删除。

(4)插入文本。光标定位到“甲方名称：”左侧，回车，添加一行，在第一行输入文字“《药房管理系统》商业合同”，回车，输入“合同编号：0001”。

(5)另存文件。单击文件—另存为，打开“另存为”对话框，在该对话框的上部确定保存位置：D盘，在对话框的下部确定文件名“CH05-02.docx”，保存类型：Word文档。

任务2 Word 2010 的基本排版操作

任务目的

(1)掌握进行页面设置的方法。

(2)掌握查找替换文本的方法。

(3)掌握页眉页脚的设置。

(4)掌握字体和段落格式设置。

(5)掌握其他排版操作,如设置编号、分栏等。

任务描述

(1)打开任务1创建的"CH05-02.docx",设置纸张大小为B5,页边距上、下、左、右都为2厘米,页眉页脚距边界均为1.5厘米。

(2)将文章正文(除标题)中所有《药房管理系统》用查找替换方法替换为红色的《药房管理系统》,并加粗。

(3)设置页眉为"范文",水平居中,红色。页脚为"第×页",水平居中。

(4)将"乙方向甲方提供《药房管理系统》壹套;"与"甲方购买《药房管理系统》壹套,每套费用为人民币13500.00元整,合计费用人民币13500.00元整;"两段文字位置互换。

(5)为文字添加编号。如效果图5-3所示。

(6)设置标题文字为华文行楷,小二号,加粗,添加单下划线,水平居中,段后距1行,并加浅绿色底纹。

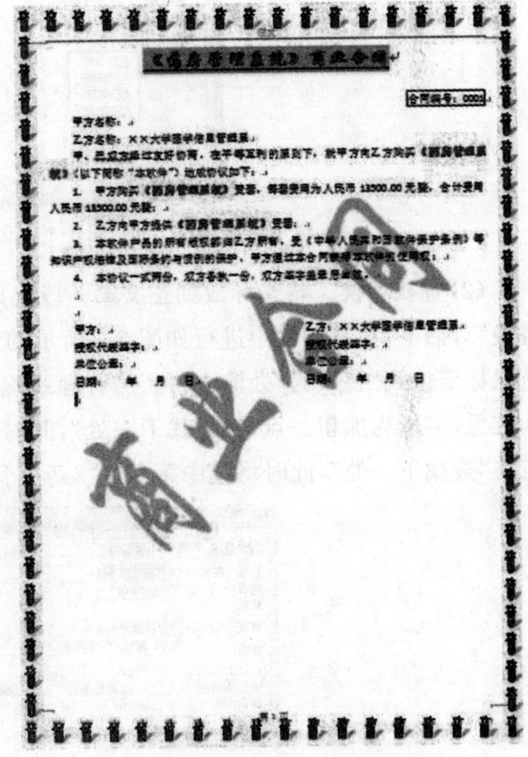

图5-3 排版后的效果图

(7)设置第二行文字右对齐,并加字符边框。

(8)设置其余行文字左缩进0字符,首行缩进2字符,行距为固定值16磅。

(9)为文档添加艺术型页面边框,如效果图5-3所示,使用默认值。

(10)根据效果图5-3,设置分栏效果,分成等宽两栏。

(11)设置文字水印效果,文字"商业合同",字体"华文行楷",颜色"红色"。

(12)将编辑后的文件以“CH05-03.docx”为名另存到D盘。

操作步骤

(1)页面设置。打开“CH05-02.docx”，执行页面布局—“页面设置”组—纸张大小－B5(18.2cm×25.7cm)；继续在“页面设置”组—页边距—自定义页边距，打开“页面设置”对话框，如图5-4所示，在“页边距”选项卡，设置页边距；在“版式”选项卡，完成页眉页脚距边界的设置。

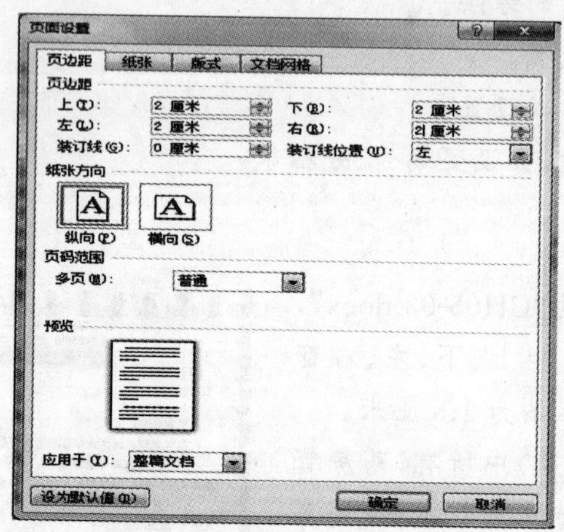

图5-4 设置“页边距”

(2)查找替换。将光标放到正文第一段起始处，执行开始—“编辑”组—替换，打开“查找和替换”对话框，在对话框中进行如图5-5所示的设置。在“查找内容”处输入“《药房管理系统》”，将鼠标定位到“替换为”处输入“《药房管理系统》”，点击“格式”按钮，选择“字体”，设置字体颜色为红色，字形为加粗。点击“查找下一处”，此时将选中第一个“《药房管理系统》”，点击替换；再点击“查找下一处”，此时将选中第二个“《药房管理系统》”，点击替换。以此类推。

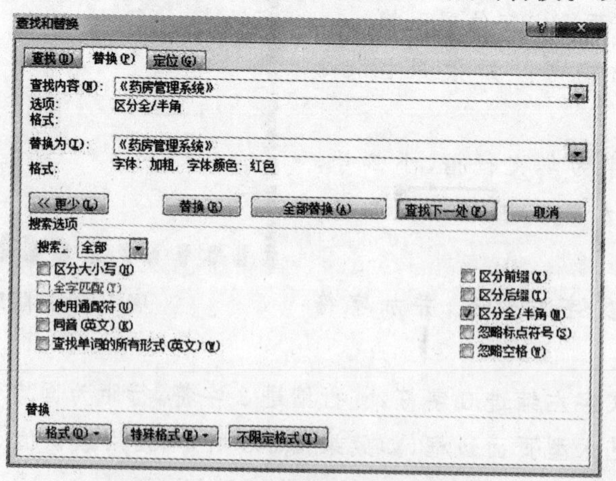

图5-5 “查找和替换”对话框

(3)设置页眉和页脚。执行插入—“页眉和页脚”组—页眉—编辑页眉，输入页眉文字，

设置水平居中，红色。执行插入—“页眉和页脚”组—页脚—编辑页脚，输入文字“第”，执行页眉和页脚工具设计—“页眉和页脚”组—页码—当前位置—普通数字，输入“页”，执行开始—“段落”组—居中。在正文处双击，关闭页眉页脚的设计状态。

(4)交换段落位置。选中“乙方向甲方提供《药房管理系统》壹套;”，按住鼠标左键拖动到“本软件产品的所有版权都归乙方所有”这段文字的最左侧，松开鼠标即完成文字的移动。

(5)添加编号。选中要添加编号的四段文字，执行开始—“段落”组—编号右侧下拉箭头，选择需要的编号格式，如图 5-6 所示。

图 5-6　选择编号格式

(6)格式化标题文字。选中标题文字，执行开始—“字体”组，设置字体、字号，在“字体”组中，点击文字效果，选择第四行第一列的文字效果；执行开始—“段落”组—居中，设置水平居中；执行开始—“段落”组—行和段落间距—行距选项，在间距处设置段后:1 行；执行开始—“段落”组—底纹右侧下拉箭头，在标准色中选择浅绿。

(7)格式化第二行文字。选中第二行文字，执行开始—“段落”组—文本右对齐；执行开始—“字体”组—字符边框。

(8)格式化其余行文字。选中其余行文字，点击开始—“段落”组右下角，打开“段落”对话框，进行如图 5-7 所示的设置。

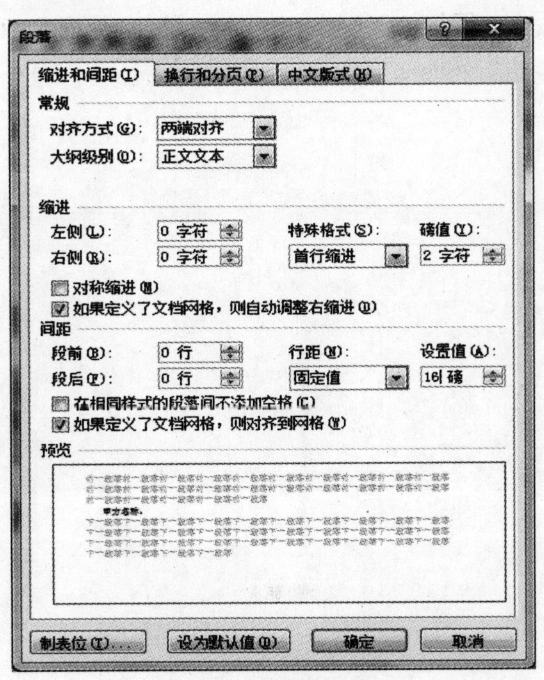

图 5-7　设置段落格式

(9)添加页面边框。执行页面布局—“页面背景”组—页面边框，在“艺术型”中选择如效果图所示的页面边框。

(10)设置分栏。选中文章后 8 行文字，执行页面布局—“页面设置”组—分栏—两栏。

(11)设置水印效果。执行页面布局—“页面背景”组—水印—自定义水印，在“水印”对话框中进行设置，如图 5-8 所示。

(12)另存文件。

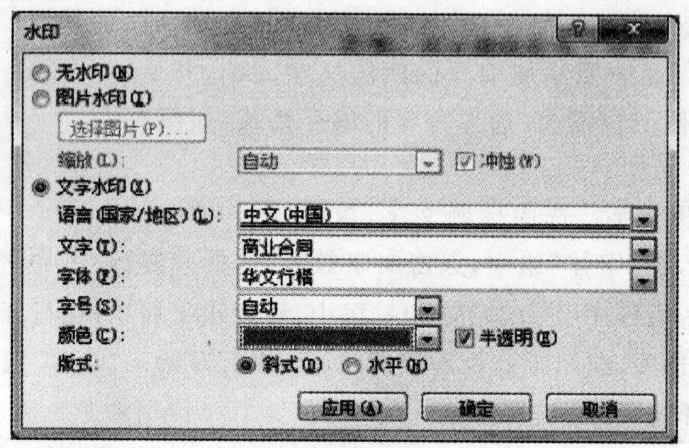

图 5-8 “水印”对话框

实验 6　Word 2010 图文混排

实验目的

(1)掌握图片的排版操作,包括插入图片、编辑图片、设置图片格式。

(2)掌握文本框的使用方法。

(3)掌握自选图形的绘制和格式设置。

(4)掌握艺术字的使用方法。

(5)掌握图文混排操作方法。

任务 1　图文混排

任务目的

(1)掌握各种图形对象的插入和格式设置。

(2)掌握叠放次序和组合命令的使用。

任务描述

(1)新建 Word 文档,输入如图 6-1 所示文字内容,并设置正文(除标题外)首行缩进 2 个字符,小四号字。

计算机在医学中的应用

计算机应用范围越来越广，深入到了科学计算、信息处理、人工智能和计算机通信等各个方面。而近年来，计算机技术在医学中的应用成为热点研究领域，受到广泛关注。计算机在医学领域的普遍应用为医院的管理计算机信息管理系统能够及时准确地收集、传输、处理和反馈各项医疗信息，增强和扩展医务人员的信息功能，增强医务人员对医药信息的变换存贮识别处理，从而提高医护人员的工作效率；计算机尤其是数据库技术及人工智能等技术的应用在中医药学的研究及发展中起了重要的作用。

医学，无论是中医学还是西医学在 21 世纪随着科技的高速发展也在不断地自我完善、自我变革中飞速前进，计算机这个可以代表科技高速发展的技术，在医学领域发挥着越来越显著的作用。计算机的诞生，计算机和通信技术的结合，将世界引入了一个新纪元，世界步入了信息时代。信息技术以其他任何一种技术从未有过的深度和广度深入到社会的方方面面。

现代医学也不可避免地受到现代信息技术的影响，现代医学与现代信息技术的交融，构成了一个交叉学科，即专应用于医学的计算机学科。医学的起源远远早于计算机，医学随着历史的变迁，由原来的雏形逐渐蜕变为现在融有更高技术含量的领域。计算机由于它的高记忆性、准确性、精确性以及强大存储能力、传输能力等优点使得现代医学更好的为人类的生命健康服务。

图 6-1　输入的文字

(2)在正文前插入一行,输入文字"赵蕈",并将这两个字设置为隶书,二号字,并居中文字。

(3)设置标题为艺术字。艺术字样式:一行一列(填充—茶色,文本2,轮廓—背景2),字体:华文行楷,字号:36,文本效果:倒V形。上下型环绕,水平相对于页边距居中。

(4)插入横卷形,高度:3.65厘米,宽度:15.35厘米。设置形状填充:主题颜色为橙色,强调文字颜色6,淡色80%,形状轮廓:主题颜色为深蓝,文字2,淡色60%,形状效果为阴影向下偏移。

(5)将艺术字在上,横卷形在下,互相左右居中,上下居中,组合,如效果图6-2所示。设置组合后对象的环绕方式为上下型,相对于页边距左右居中,顶端对齐。

(6)插入剪贴画(关键字搜索:计算机)中如效果图6-2所示的图片。

图6-2 效果图

(7)插入图注(使用文本框),输入文字"计算机",文字在文本框中居中。设置文本框高0.5厘米,宽3厘米,无填充色,无线条颜色,内部边距为0。

(8)将图片和图注互相左右居中后组合。组合后对象环绕方式为四周型,水平距页边距右侧9厘米,垂直距页边距下侧6厘米,环绕文字只在左侧。

(9)为正文第二段设置首字下沉效果,下沉字体:华文新魏,其他使用默认设置。

(10)在"赵蕈"后添加脚注:"赵蕈(1941—2010年),××医科大学研究生院副院长,医学博士"。

(11)为文档添加艺术型页面边框,如效果图6-2所示。

(12)将文件以“CH06-01.docx”为名保存在D盘。

操作步骤

(1)新建空白文档,进行格式设置。在Word应用程序已经运行的状态,执行文件—新建—空白文档—创建,可以创建一个新的空白Word文档。输入文字,选中正文(除标题外),点击开始—“段落”组右下角,打开“段落”对话框,设置特殊格式为首行缩进2字符;执行开始—“字体”组—字号右侧下拉箭头—小四。

(2)将光标放置在正文第一段前,回车,插入一个空行,在空行输入文字“赵覃”,设置居中效果。选中“赵覃”两字,设置字体为隶书,二号字。

(3)插入艺术字并设置格式。选中标题“计算机在医学中的应用”,执行插入—“文本”组—艺术字,选择一行一列的艺术字样式,在开始—“字体”组,设置字体、字号,执行绘图工具格式—“艺术字样式”组—文本效果—转换—倒V形。执行绘图工具格式—“排列”组—自动换行—上下型环绕,执行绘图工具格式—“排列”组—对齐—对齐边距—左右居中。

(4)插入自选图形并设置格式。执行插入—“插图”组—形状—星与旗帜—横卷形,按住鼠标左键,在文档中画一个横卷形,选中插入横卷形—右击—“其他布局选项”,在弹出的布局对话框中,选择大小选项,设置高度为3.65厘米,宽度为15.35厘米;执行绘图工具格式—“形状样式”组—形状填充—主题色—橙色,强调文字颜色6,淡色80%;形状轮廓—主题颜色—深蓝,文字2,淡色60%,形状效果—阴影—外部—向下偏移。

(5)将对象组合并设置组合后对象的格式。拖动横卷形到艺术字处,如果艺术字被横卷形遮住,则选中横卷形,右击,执行置于底层。选中横卷形,按住Shift键,点击艺术字,将两者同时选中,执行绘图工具格式—“排列”组—对齐—对齐所选对象—左右居中—上下居中,执行组合—组合。选中组合后对象,在“排列”组继续执行自动换行—上下型环绕,对齐—对齐边距—左右居中—顶端对齐。

(6)插入剪贴画并设置格式。执行插入—“插图”组—剪贴画,在右侧剪贴画任务窗格,输入计算机,点击搜索,点击需要的图片,即插入到文中。选中图片,执行图片工具格式—“排列”组—自动换行—四周型环绕。

提示:如果插入的图片来自硬盘或其他移动存储设备,则执行插入—“插图”组—图片。

(7)插入文本框并设置格式。执行插入—“文本”组—文本框—绘制文本框,按住鼠标左键不放,在图片下画一个文本框,输入文字“计算机”,执行开始—“段落”组—居中。选中文本框,执行绘图工具格式—“大小”组,设置高度和宽度,执行绘图工具格式—“形状样式”组—形状填充—无填充颜色—形状轮廓—无轮廓。选中文本框,右击,选择“设置形状格式”命令,在打开的“设置形状格式”对

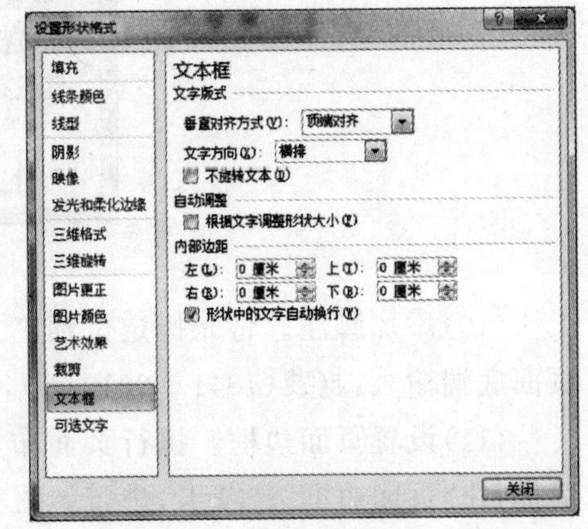

图6-3　设置内部边距

话框，进行如图 6-3 所示设置。

(8)将对象组合并设置组合后对象的格式。选中图片，按住 Shift 键，点击文本框，将图片和图注同时选中，执行绘图工具格式—“排列”组—对齐—对齐所选对象—左右居中，继续执行组合—组合。选中组合后的对象，右击，执行“其他布局选项”命令，打开“布局”对话框，在“文字环绕”选项卡，进行如图 6-4 所示的设置。在“位置”选项卡，进行如图 6-5 所示的设置。

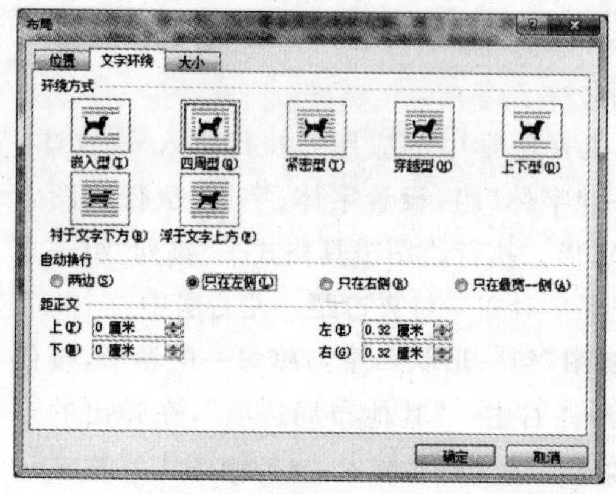

图 6-4　设置环绕方式

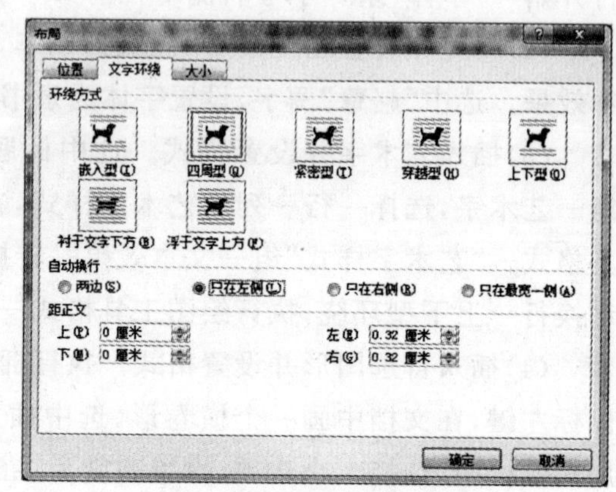

图 6-5　设置绝对位置

(9)设置首字下沉。将光标定位到正文第二段，执行插入—“文本”组—首字下沉—首字下沉选项，在“首字下沉”对话框中，进行如图 6-6 所示的设置。

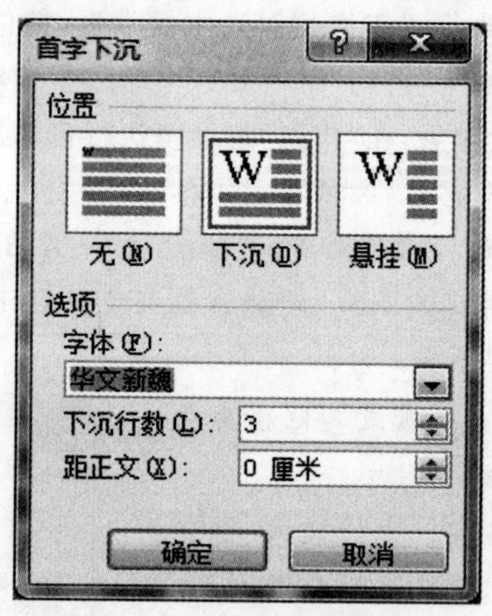

图 6-6　首字下沉

(10)添加脚注。将光标定位到正文第一段赵蕈后，执行引用—“脚注”组—插入脚注，在页面底端输入：赵蕈(1941—2010 年)，××医科大学研究生院副院长，医学博士。

(11)设置页面边框。执行页面布局—“页面背景”组—页面边框，打开“边框和底纹”对话框，在“页面边框”选项卡，进行如图 6-7 所示的设置。

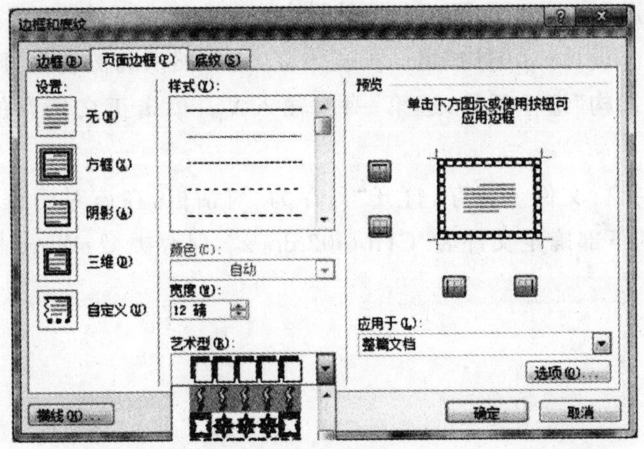

图 6-7　设置页面边框

(12)保存文件。执行文件—保存,打开“另存为”对话框,在该对话框的上部确定保存位置:D 盘,在对话框的下部确定文件名“CH06-01.docx”,保存类型:Word 文档。

任务 2　Word 2010 公式的使用

任务目的

掌握 Word 2010 公式的输入。

任务描述

新建一篇 Word 文档,在其中输入公式 $M_i=\sum_{k=1}^{n} a_{ik}\times\sqrt[3]{f(x)}$,以“CH06-02.docx”为名保存到 D 盘。

操作步骤

(1)新建 Word 文档,执行插入—“符号”组—公式图标 π,在出现的输入框中输入公式。

提示:输入时输入框随着输入公式长短而发生变化,而整个数学表达式都被限定在公式编辑框中。

(2)执行公式工具设计—“结构”组—上下标—下标,在各自对应位置,输入“M”,输入“i”。单击公式右侧结束处,将光标定位到公式右侧位置,在“符号”组选择“=”。

(3)执行公式工具设计—“结构”组—大型运算符,选择上下都带虚框的求和符号,然后将光标置于相应的位置上分别输入“n”“k=1”,接着使光标置于右侧,执行公式工具设计—“结构”组—上下标—下标,在对应位置点击“符号”组的滚动条,找到并输入“α”,在下标处输入“ik”，将光标定位到公式右侧位置，在“符号”组选择“×”。

(4)执行公式工具设计—“结构”组—根式—立方根，然后将光标置于根号内输入“f”，执行公式工具设计—“结构”组—括号，选第一种，输入 x 。单击正文任意位置，退出公式编辑环境。

(5)保存文件。执行文件—保存，打开“另存为”对话框，在该对话框的上部确定保存位置:D 盘，在对话框的下部确定文件名“CH06-02.docx”，保存类型:Word 文档。

实验7 Word 2010表格设计

实验目的

(1)掌握表格的创建、编辑和格式化等操作。

(2)掌握表格的公式和排序功能。

(3)掌握表格与文本间的转换。

任务1 制作求职简历

任务目的

(1)掌握表格的制作方法,包括插入表格和输入内容等。

(2)掌握表格的编辑操作。

(3)掌握表格的格式设置。

(4)掌握表格的属性设置。

(5)掌握表格与文本的转换。

任务描述

(1)新建Word文档,插入5行5列的表格。

(2)按效果图7-1所示合并单元格。输入文字,插入笑脸。

(3)输入标题,黑体,小三,水平居中对齐。

(4)表格第一行行高为1厘米,其余行行高为0.6厘米。表格第一列和第三列列宽为2厘米,第二列和第四列列宽为3厘米,第五列列宽为4厘米。表格居中。

(5)表格中的文字采用中部居中对齐,适当调整图片位置和大小。

(6)在表格下插入两个空行,然后插入6行3列的表格。设置表格列宽为3厘米。

(7)在表格中输入文字,楷体,小五号。

(8)将表格按制表符转换为文字。

(9)将文件以"CH07-01.docx"为名保存到E盘。

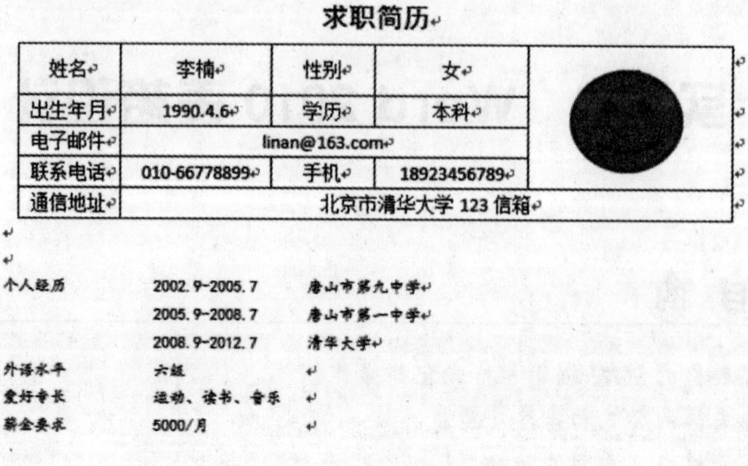

求职简历

姓名	李楠	性别	女	
出生年月	1990.4.6	学历	本科	
电子邮件	linan@163.com			
联系电话	010-66778899	手机	18923456789	
通信地址	北京市清华大学 123 信箱			

个人经历	2002.9-2005.7	唐山市第九中学
	2005.9-2008.7	唐山市第一中学
	2008.9-2012.7	清华大学
外语水平	六级	
爱好专长	运动、读书、音乐	
薪金要求	5000/月	

图 7-1　效果图

操作步骤

(1)新建空白文档。在 Word 应用程序已经运行的状态，点击左上角快速访问工具栏上“新建”按钮，可以创建一个新的空白 Word 文档。执行插入—“表格”组—表格，鼠标确定 5×5 表格。

提示：如果快速访问工具栏上没有“新建”按钮，则点击其右侧下拉箭头，点击新建，即把“新建”按钮添加到快速访问工具栏上。

(2)合并单元格。选中要合并的单元格，执行表格工具布局—“合并”组—合并单元格。在表格中输入文字。执行插入—“插图”组—形状—基本形状—笑脸，按住鼠标左键，在单元格中画一个笑脸。

(3)插入标题并设置格式。将光标定位到表格第一行任意单元格内，执行表格工具布局—“合并”组—拆分表格，输入标题“求职简历”，选中标题，执行开始—“字体”组，设置字体、字号，执行开始—“段落”组—居中。

(4)设置表格属性。将表格其余行选中，执行表格工具布局—“表”组—属性，打开“表格属性”对话框，在“行”选项卡，设置 2～5 行的高度为固定值 0.6 厘米，如图 7-2 所示，单击“下一行”按钮，设置第一行的高度为固定值 1 厘米。将光标定位到第一列，执行表格工具布局—“表”组—属性，打开“表格属性”对话框，在“列”选项卡，设定第一列宽度为 2 厘米，如图 7-3 所示，然后单击“后一列”按钮，分别设置其他列列宽。在“表格属性”对话框的“表格”选项卡，设置对齐方式：居中，如图 7-4 所示。

(5)设置表格中文字的对齐方式。点击表格左上角的 ⊞，将整个表格选中，执行表格工具布局—“对齐方式”组—水平居中；适当调整图片位置，使之在单元格内居中。

(6)插入表格并设置列宽。在表格下敲两下回车键，执行插入—“表格”组—表格，鼠标确定 3×6 表格。选中表格，执行表格工具布局—“表”组—属性，打开“表格属性”对话框，在

“列”选项卡，设定列宽为 3 厘米。

(7)输入文字并设置格式。按效果图在表格中输入文字，选中表格，执行开始—“字体”组，设置字体、字号。

(8)表格与文本的转换。点击表格左上角的 ⊞，将整个表格选中，执行表格工具布局—“数据”组—转换成文本，如图 7-5 所示。

(9)保存文件。执行文件—保存，打开“另存为”对话框，在该对话框的上部确定保存位置：E 盘，在对话框的下部确定文件名“CH07-01.docx”，保存类型：Word 文档。

图 7-2 设置除第一行外其余行行高

图 7-3 设置第一列列宽

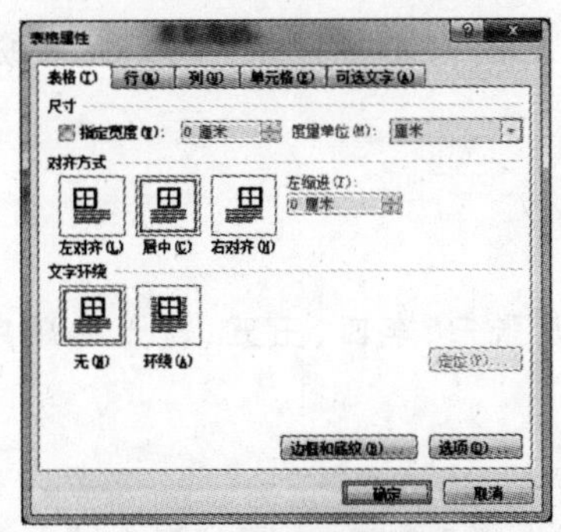

图 7-4 设置表格水平居中

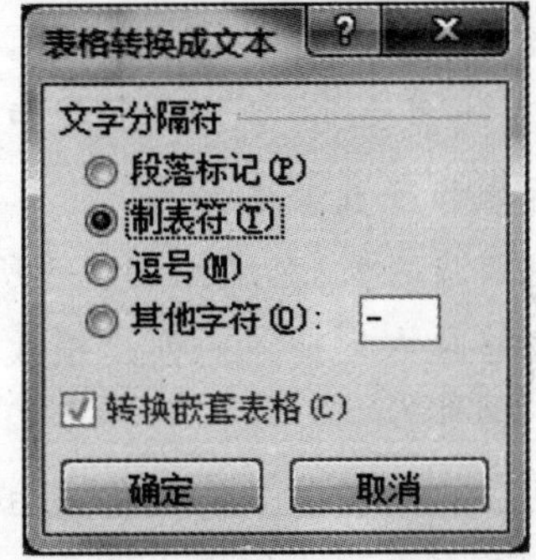

图 7-5 表格转换成文本

任务 2 制作学生成绩表

任务目的

(1)掌握插入与删除行、列和单元格的方法。

(2)掌握斜线表头的绘制方法。

(3)掌握表格中常用函数的使用方法。

(4)掌握表格中的排序功能。

(5)掌握表格中边框线的设定。

任务描述

(1)启动 Word 2010,设置如效果图 7-6 所示的学生成绩表。插入一个 5 行 4 列的表格,设置表格行高为固定值 1.5 厘米,列宽为 3 厘米。整个表格水平居中。

计算机 1 班学生成绩表

科目 / 姓名	高数	英语	计算机	总分
赵六	87	95	79	261
张三	78	90	80	248
李四	57	77	76	210
王五	80	60	55	195

图 7-6 效果图

(2)在表格第一行上方插入一行,合并单元格。输入表格标题“计算机 1 班学生成绩表”,设置格式为黑体、三号、加粗、居中对齐。

(3)将标题转换成文本。

(4)绘制斜线表头,如效果图 7-6 所示。

(5)在表格最右侧插入一列。按效果图的内容以张三、李四、王五、赵六的顺序在表格中输入文字,小四号。

(6)使用公式计算总分并按总分由高到低排序。

(7)设置整个表格边框线为浅蓝色单实线,外框线宽 1.5 磅,内框线宽 1 磅。为第一行加水绿色,强调文字颜色 5,淡色 80%的底纹。

(8)除表头单元格外,其余单元格文字中部居中。

(9)将文件以“CH07-02.docx”为名保存到 E 盘。

操作步骤

(1)插入表格并设置表格属性。启动 Word 2010,新建一个 Word 文档。按要求用已学知识插入表格,设置行高和列宽及表格水平居中。

提示: 行高和列宽,也可选中表格,执行表格工具布局—“单元格大小”组,输入高度和宽度进行设置。

(2)插入行。将光标定位到表格第一行,执行表格工具布局—“行和列”组—在上方插入,用已掌握知识合并单元格,输入标题,设置标题格式。

(3)部分表格转换成文本。在表格第一行外,左侧空白处,单击,或在表格第一行内,当光标变成黑色斜箭头时,单击,选中第一行,执行表格工具布局—“数据”组—转换成文本,文字分隔符:段落标记,“确定”。

(4)绘制斜线表头。光标放到第一行第一个单元格,执行表格工具设计—“表格样式”组—边框—右侧下拉箭头—斜下框线,输入文字“科目”,执行开始—“段落”组—文本右对齐,回车,输入文字“姓名”,执行开始—“段落”组—文本左对齐。

(5)插入列并输入文字。将光标放到表格最后一列,执行表格工具布局—“行和列”组—在右侧插入。按要求输入表格中的文字并设置为小四号。

(6)使用公式计算总分并按总分降序排序。将光标放到张三总分的单元格中,执行表格工具布局—“数据”组—公式,在弹出的“公式”对话框中,使用默认的公式“=SUM(LEFT)”,如图 7-7 所示。在其他三个人的总分处依次执行“Ctrl+Y”,填写出其他人的总分。将光标放到表格中,执行表格工具布局—“数据”组—排序,在打开的“排序”对话框中,主要关键字:总分,类型:数字,降序,如图 7-8 所示。

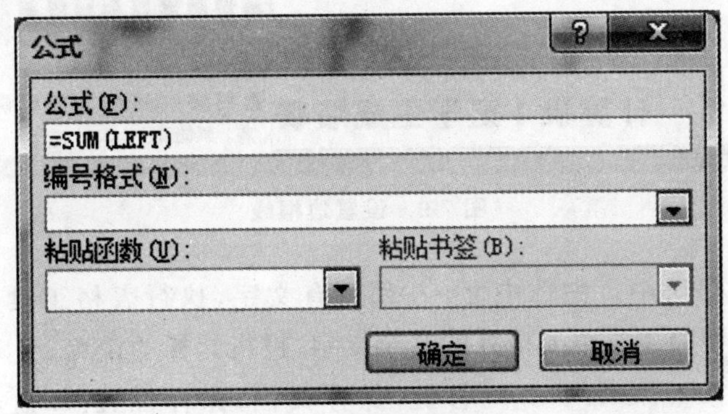

图 7-7　求和公式

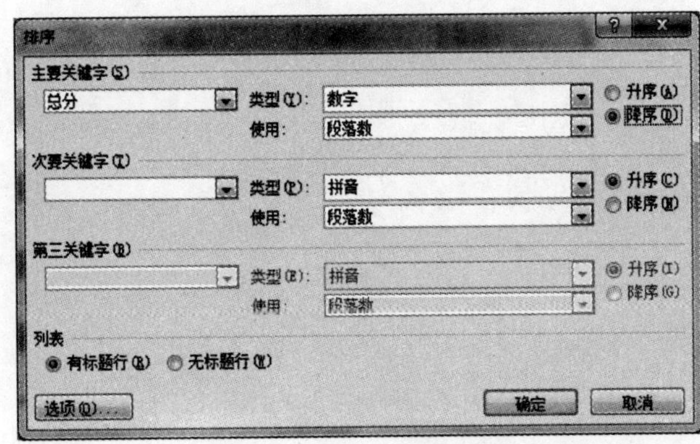

图 7-8　“排序”对话框

提示:因“Ctrl+Y”组合键的功能是复制上一次操作,所以在用公式求出张三的总分后,要立即用“Ctrl+Y”组合键去求其他人的总分,中间不能间隔其他操作。

(7)设置表格边框线及底纹。选中整个表格,执行表格工具设计—“绘图边框”组,进行如图 7-9 所示的笔样式、笔划粗细、笔颜色的设置，继续执行表格工具设计—“表格样式”组—边框右侧下拉箭头—外侧框线；用同样的方法设置笔样式、笔划粗细、笔颜色后执行表格工具设计—“表格样式”组—边框右侧下拉箭头—内部框线，将光标定位于表头单元格（第一行第一列），执行表格工具设计—“表格样式”组—边框右侧下拉箭头—斜下框线。选中第一行，执行表格工具设计—“表格样式”组—底纹—主题颜色—水绿色，强调文字颜色 5，淡色 80%。

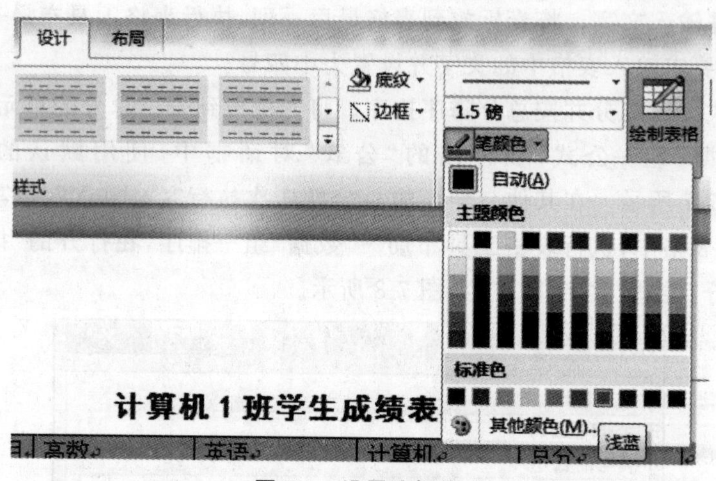

图 7-9　设置边框线

(8)设置文字中部居中。先选中 2～5 列所有文字，执行表格工具布局—“对齐方式”组—水平居中；再选中除表头单元格外的其余文字，进行同样的设置。

(9)保存文件。按下“Ctrl＋S”组合键，保存文档，保存位置：E 盘，文件名“CH07-02.docx”，保存类型：Word 文档。

实验 8 Word 2010 应用提高

实验目的

了解并掌握 Word 2010 的其他实用性较强的命令。

任务 1 制作带拼音的文档

任务目的

(1)掌握简繁转换命令的使用。

(2)掌握带圈字符命令的应用。

(3)掌握拼音指南命令的应用。

任务描述

新建 Word 文档，按效果图 8-1 所示，输入文字。将所有文字字号设置为二号，水平居中。将标题“静夜思”设置为繁体字，并加菱形圈号。除标题“静夜思”外，其他字符间距加宽 10 磅，并加拼音，拼音对齐方式为左对齐。以“CH08-01.docx”为名保存到 E 盘。

lǐ bái
李 白

chuáng qián míng yuè guāng
床 前 明 月 光 ，

yí shì dì shàng shuāng
疑 是 地 上 霜 。

jǔ tóu wàng míng yuè
举 头 望 明 月 ，

dī tóu sī gù xiāng
低 头 思 故 乡 。

图 8-1 效果图

操作步骤

(1)中文简繁转换操作。新建 Word 文档,输入文字。设置字号二号,文字水平居中。选中标题,执行审阅—“中文简繁转换”组—简转繁。

(2)设置带圈字符。选中“静”,执行开始—“字体”组—带圈字符,按图 8-2 所示进行设置。按同样的方法设置另外两个字。

(3)加宽字符间距。选中除标题外的其他文字,执行开始—“段落”组—中文版式—字符缩放—其他,进行如图 8-3 所示的设置。

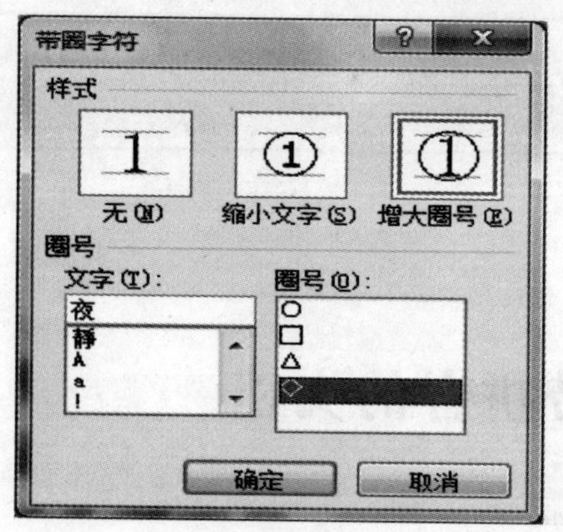

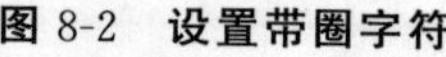
图 8-2　设置带圈字符

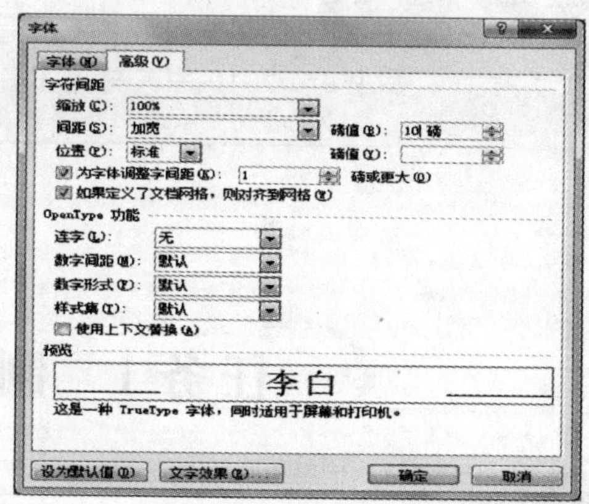

图 8-3　设置字符间距

(4)添加拼音。选中除标题外的其他文字,执行开始—“字体”组—拼音指南,在“拼音指南”对话框中,设置对齐方式:左对齐。

(5)保存文件。按下“Ctrl+S”组合键,保存文档,保存位置:E 盘,文件名“CH08-01.docx”,保存类型:Word 文档。

任务 2　为文档制作目录

任务目的

(1)掌握样式的使用。

(2)掌握目录的制作方法。

任务描述

(1)在服务器 FTP://10.20.1.31 下载“圣诞节介绍.docx”文件。打开该文件,设置节日简介、节日习俗、地区习俗、圣诞老人、圣诞大餐为标题 1 样式。设置圣诞树、圣诞老人、圣诞卡、圣诞袜、圣诞帽、英国、美国、法国、西班牙、意大利、瑞典、瑞士、丹麦、智利、挪威、爱尔兰、苏格兰、荷兰、德国为副标题样式。

(2)更改副标题样式的对齐方式为左对齐。

(3)制作如图 8-4 所示的目录页,文字"目　录"间隔两个空格,一号字,水平居中,无其他格式。

(4)为正文页添加如图 8-4 所示的页码,页码从 1 开始,目录页无页码。

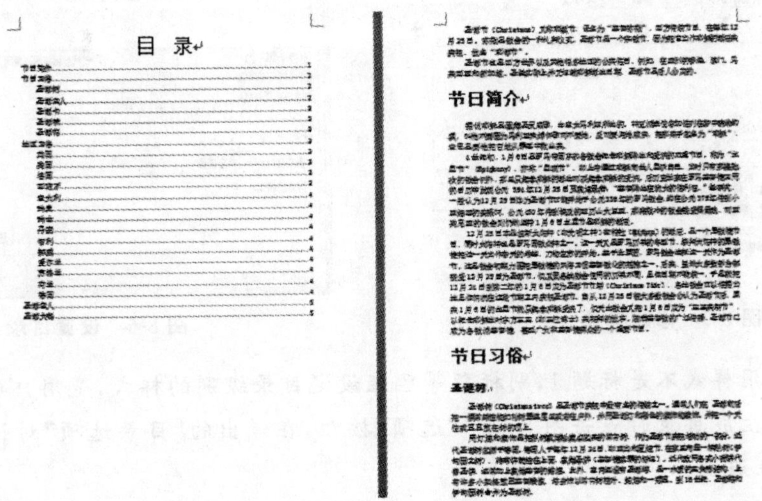

图 8-4　效果图

(5)更新目录。

(6)将文件以"CH08-02.docx"为名保存到 E 盘。

操作步骤

(1)设置样式。打开"圣诞节介绍.docx",选中节日简介、节日习俗、地区习俗、圣诞老人、圣诞大餐,执行开始—"样式"组—标题 1。选中圣诞树、圣诞老人、圣诞卡、圣诞袜、圣诞帽、英国、美国、法国、西班牙、意大利、瑞典、瑞士、丹麦、智利、挪威、爱尔兰、苏格兰、荷兰、德国,执行开始—"样式"组—副标题。

(2)在"样式"组的"副标题"命令上右击,选择"修改"命令,打开"修改样式"对话框,点击格式—段落,如图 8-5 所示,在"段落"对话框中设置对齐方式:左对齐。

(3)插入目录页。将光标定位到文章第一行行首,执行插入—"页"组—空白页,在前面添加一页。输入"目录",文字间隔两个空格。选中文字,首先执行开始—"字体"组—清除格式,再设置字号及居中,回车。执行引用—"目录"组—目录—插入目录,打开"目录"对话框,在"目录"选项卡,设定显示级别:2,从打印预览中可以看到生成的目录样式,如图 8-6 所示。

(4)设置页码格式。执行插入—"页眉和页脚"组—页码—页面底端—普通数字 2,执行页眉和页脚工具设计—"页眉和页脚"组—页码—设置页码格式,在打开的"页码格式"对话框,设置起始页码:0。勾选页眉和页脚工具设计—"选项"组—首页不同,执行页眉和页脚工具设计—"关闭"组—关闭页眉和页脚。

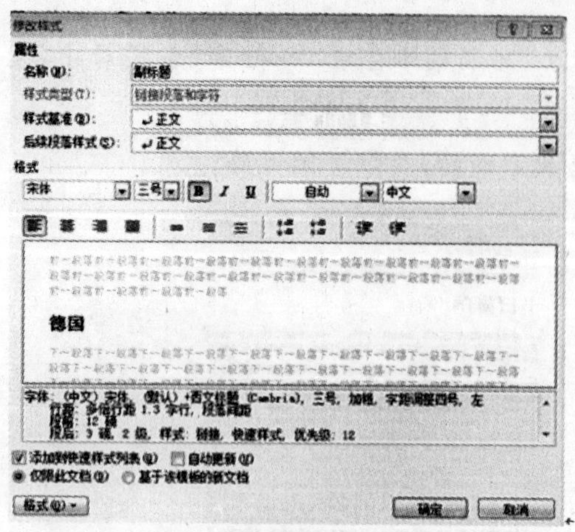

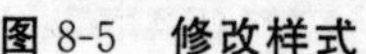

图 8-5 修改样式

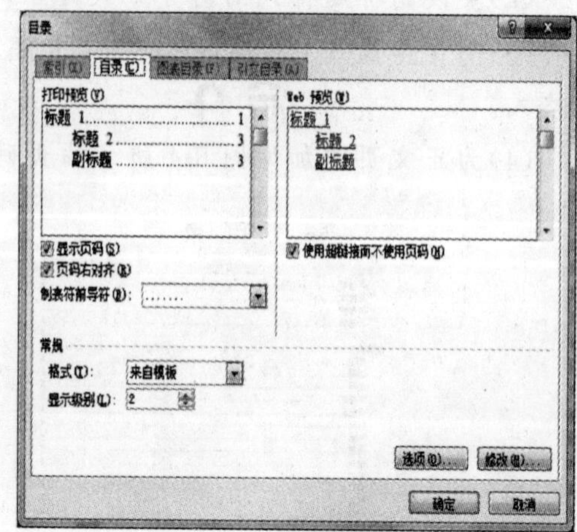

图 8-6 设置目录

提示：如所用样式不是标题1，副标题等已经设定目录级别的样式，是用户创建的已命名的新样式，则在生成目录时点击图 8-6 中“选项”按钮，在弹出的“目录选项”对话框中根据需要自行设定目录级别。

(5)更新目录。执行引用—“目录”组—更新目录，在打开的“更新目录”对话框中，选择“更新整个目录”。

(6)另存文件。执行文件—另存为，打开“另存为”对话框，在该对话框的上部确定保存位置：E 盘，在对话框的下部确定文件名“CH08-02.docx”，保存类型：Word 文档。

实验 9　Excel 2010 基础知识

实验目的

(1)了解 Excel 2010 的启动、保存、关闭与退出。

(2)掌握单元格、工作表、工作簿等相关知识。

任务 1　新建一个 Excel 工作薄文件

任务目的

(1)了解 Excel 2010 的启动方法及工作界面的组成。

(2)掌握 Excel 工作簿保存的方法。

(3)了解关闭与退出的区别,掌握其操作方法。

任务描述

启动 Excel 2010,新建一个 Excel 2010 工作簿,任意输入文字,以文件名“CH09-01.xlsx”为名保存到 C 盘。

操作步骤

(1)单击“开始”菜单,执行所有程序－Microsoft Office-Microsoft Office Excel 2010,启动 Excel 2010,系统自动创建一个名为工作簿 1 的工作簿文档。

(2)输入文字。用鼠标单击任意单元格,该单元格的四周以黑粗实线描绘边框,该单元格称为当前单元格,也称为活动单元格,在名称框中会显示活动单元格名称,按键盘↑、↓、←、→移动按键,会改变当前活动单元格;使用键盘任意输入文字,输入的文字会在活动单元格与编辑栏中同步显示,如选中 A1 单元格,输入“我是一名医生”,如图 9-1 所示。

(3)保存文件。执行文件—保存,打开“另存为”对话框,在该对话框的上部确定保存位置:C 盘,在对话框的下部确定文件名“CH09-01.xlsx”,保存类型:Excel 工作簿,保存之后,立即在标题栏上可见刚保存的文件名。

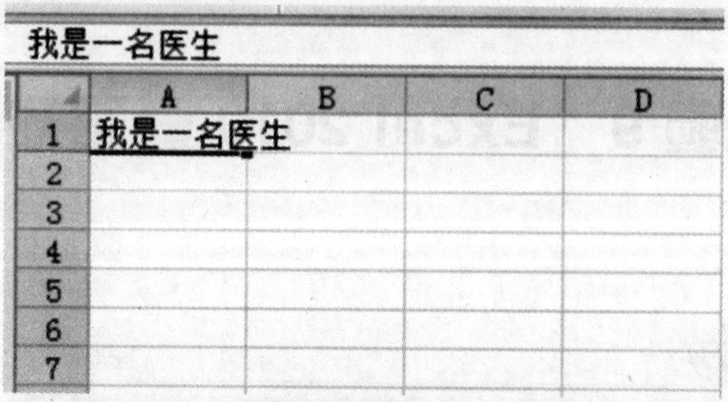

我是一名医生

	A	B	C	D
1	我是一名医生			
2				
3				
4				
5				
6				
7				

图 9-1　名称框、编辑栏和活动单元格

(4)关闭与退出。执行文件—关闭,可关闭工作簿文件,但不会退出 Excel 程序,在关闭文件时,如果在上次保存之后又对文档进行了修改,则提醒用户再次进行保存;若执行文件—退出,确定文件的更改被保存之后关闭已打开的所有工作簿文件和 Excel 程序。

任务 2　工作表操作

任务目的

(1)了解工作表标签的意义。

(2)掌握新建、重命名、移动、复制、删除工作表的操作方法。

任务描述

Excel 2010 的工作簿文件中默认有 3 张工作表,用户可以根据需要增加、重命名、删除、复制、移动工作表。

操作步骤

(1)启动 Excel 2010,出现 Excel 2010 工作界面,默认有 3 张工作表,分别是 Sheet1、Sheet2、Sheet3,如图 9-2 所示。

(2)插入工作表。单击工作表标签 Sheet2,执行开始—"单元格"组—插入—插入工作表,立即在其左侧增加一张工作表 Sheet4,再执行一次,又增加一张工作表 Sheet5,以此类推;或者右击任一工作表标签,在快捷菜单中选择"插入"命令,在弹出的"插入"对话框中选择"工作表",单击"确定",也可插入一张新的工作表。

(3)重命名工作表。双击工作表标签 Sheet1,或右击该标签 Sheet1,选择"重命名"命令,此时该标签名处于编辑状态(黑底白字),输入新的工作表名,如"医学 1 班",然后单击空白单元格,或按键盘上的回车键,则完成该工作表的重命名。用同样的方法将其他工作表分别按顺序更名为“医学 2 班”“医学 3 班”“医学 4 班”“医学 5 班”。

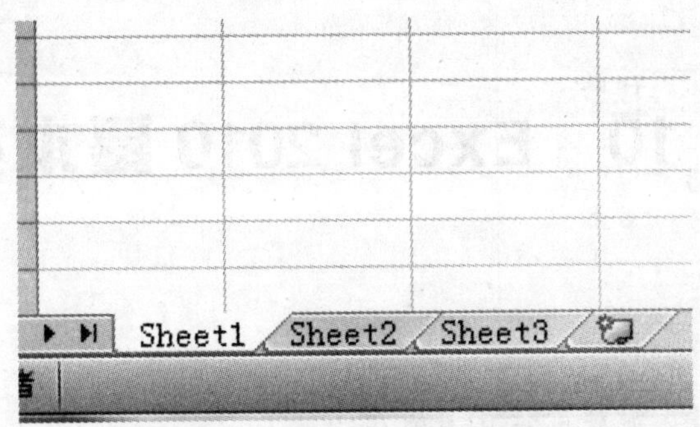

图 9-2　默认的三张工作表

(4)移动工作表。用鼠标左键拖动“医学 5 班”工作表标签至“医学 1 班”左边后释放鼠标，则“医学 5 班”工作表放在了第一位，用同样的方法拖动工作表标签，按“医学 5 班”“医学 4 班”“医学 3 班”“医学 2 班”“医学 1 班”的顺序排序工作表，如图 9-3 所示。

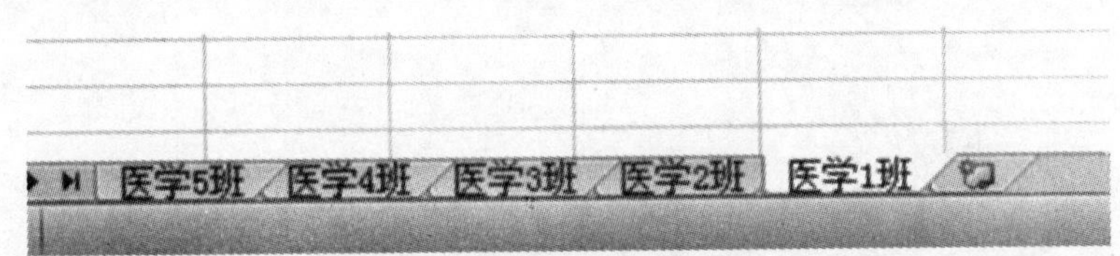

图 9-3　移动工作表后的标签顺序

(5)复制工作表。点击工作表标签“医学 1 班”，按住 Ctrl 键，用鼠标左键拖动“医学 1 班”工作表标签至“医学 3 班”左边后释放鼠标，即创建了“医学 1 班”工作表的副本“医学 1 班(2)”。

(6)重复(5)操作，创建了“医学 1 班”工作表的副本“医学 1 班(3)”。

(7)删除工作表。右击“医学 1 班(2)”工作表标签，选择“删除”命令，即可删除该工作表。

(8)保存文件。执行文件—保存，打开“另存为”对话框，在该对话框的上部确定保存位置：C 盘，在对话框的下部确定文件名“CH09-02.xlsx”，保存类型：Excel 工作簿。

实验 10　Excel 2010 基本操作

实验目的

(1)掌握单元格的基础知识与基本操作。

(2)掌握单元格填充柄的功能及基本操作方法。

(3)了解工作表的拆分与冻结的意义及操作方法。

任务 1　格式化“学生登记表”

任务目的

掌握单元格的选取、合并、格式化等基本操作。

任务描述

(1)打开对应素材文件，将工作表标签“Sheet1”改名为“学生入学登记表”。

(2)在第一行上方插入一行，设置行高 30。输入标题“医学 1 班入学登记表”。

(3)设置标题单元格合并后居中，华文中宋、22 磅、红色。

(4)设置列标题文字“学号”“姓名”“性别”“出生日期”“生源地”“生源地编号”“入学成绩”，黑体、12 磅、黄色、居中。

(5)设置“学生入学登记表”中的数据(从第三行开始)水平对齐和垂直对齐均为“居中”。

(6)设置“出生日期”列数据显示形式为自定义类型“yy-mm-dd”。

(7)设置“入学成绩”列数据数值型，小数位数 1 位，有千分位分隔符“,”。

(8)设置表格外边框(不包括第一行)为“蓝色、双线”，内部框线为“浅绿色、细实线”。

(9)为标题设置“水绿色，强调文字颜色 5，淡色 80%”底纹，为列标题设置“浅蓝”色底纹并加“6.25%灰色”图案。如效果图 10-1 所示。

医学1班入学登记表						
学号	姓名	性别	出生日期	生源地	生源地编号	入学成绩
1	茹静红	女	97-12-05	北京市	001	598.0
2	赵小梅	女	97-08-19	重庆市	004	575.0
3	李欣娜	女	98-02-22	天津市	003	588.0
4	罗有蓝	女	97-03-04	上海市	002	616.0
5	蔡刚清	男	97-06-08	北京市	001	573.0
6	唐洪良	男	97-09-24	天津市	002	599.0
7	冼伟伟	女	96-12-06	北京市	001	591.0
8	向继军	男	97-01-23	重庆市	004	587.0
9	李丹红	女	97-05-08	北京市	001	611.0
10	陈红梅	女	97-06-27	上海市	003	581.0
11	吴迪	女	97-04-16	上海市	003	595.0

学生入学登记表 / Sheet2 / Sheet3

图 10-1　效果图

(10)保存工作簿，以“CH10-01.xlsx”为名，保存到 C 盘。

操作步骤

(1)启动 Excel 2010，单击“文件”—“打开”打开实验素材“SC10-01.xlsx”，并将 Sheet1 重命名为“学生入学登记表”。

提示：“生源地编号”数据，希望显示“003”而不是“3”，则输入‘003，单引号在英文半角状态下输入。

(2)插入行并设置行高。点击最左侧的行号 1，选中第一行，执行开始—“单元格”组—插入单元格图标，继续在“单元格”组—格式—行高，输入行高：30。在 A1 单元格输入“医学 1 班入学登记表”。

提示：也可选中第一行，右击，选择“插入”命令，插入一行，右击，选择“行高”命令，输入行高：30。

(3)设置标题格式。选中 A1：G1，执行开始—“对齐方式”组—合并后居中，在“字体”组设置字体、字号、颜色。

(4)设置列标题格式。选中 A2：G2，执行开始—“字体”组，设置字体、字号、颜色，执行开始—“对齐方式”组—居中。

(5)设置其他数据格式。选中 A3：G13，执行开始—“对齐方式”组—居中—垂直居中。

(6)设置自定义类型。选中数据 D3：D13，执行开始—“数字”组—数字格式右侧下拉箭头—其他数字格式，打开“设置单元格格式”对话框，进行如图 10-2 所示的设置。

(7)设置数值型。选中数据 G3：G13，执行开始—“数字”组—数字格式右侧下拉箭头—数字，继续执行“数字”组—减少小数位数。

(8)设置边框。选中 A2：G13，点击开始—“数字”组右下角，打开“设置单元格格式”对话框，在“边框”选项卡，设置样式：双线，颜色：蓝色，点击“外边框”按钮，继续设置样式：细实线，颜色：浅绿，点击“内部”按钮，如图 10-3 所示。

(9)设置填充颜色及图案。选中标题单元格，执行开始—“字体”组—填充颜色右侧下拉箭头—水绿色，强调文字颜色 5，淡色 80%。选中 A2：G2 单元格，执行开始—“字体”组—填充颜色右侧下拉箭头—浅蓝。点击开始—“字体”组右下角，打开“设置单元格格式”对话框，在“填充”选项卡，设置图案样式：6.25%灰色，如图 10-4 所示。

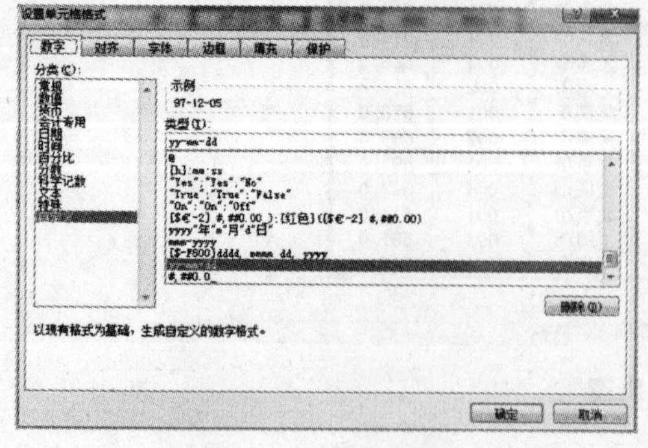

图 10-2　自定义类型

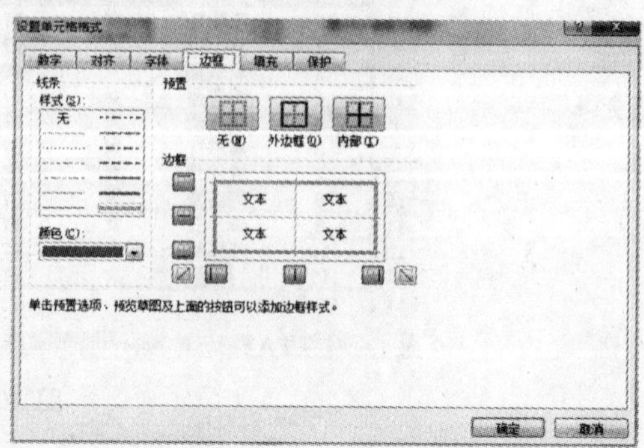

图 10-3　设置边框

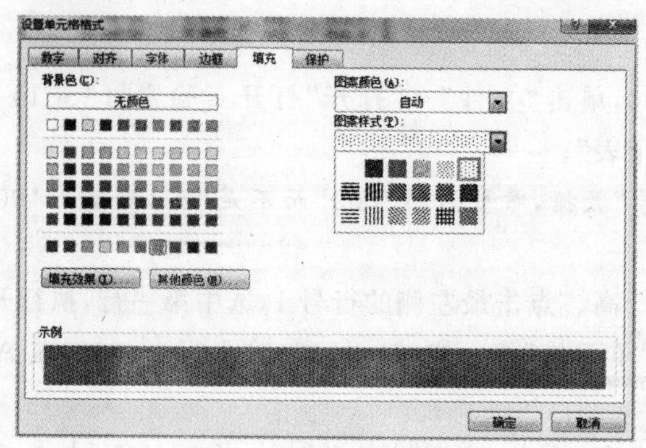

图 10-4　设置图案样式

（10）保存文件。执行文件—保存，打开“另存为”对话框，在该对话框的上部确定保存位置：C 盘，在对话框的下部确定文件名“CH10-01.xlsx”，保存类型：Excel 工作簿。

任务 2　建立学生学籍表

任务目的

（1）巩固单元格的基本操作知识。

（2）掌握填充柄的基本操作方法。

（3）了解数据有效性命令的使用。

任务描述

启动 Excel 2010，打开对应素材文件，用合并后居中的方法制作标题，使用填充柄功能填充"序号""学号""籍贯"列数据，使用数据有效性功能输入"性别"。格式化单元格数据。保存文件。效果图如图 10-5 所示。

	A	B	C	D	E	F	G	H
1	学生学籍表							
2	序号	学号	姓名	性别	籍贯	出生日期	入学成绩	联系电话
3	1	201640101	马新	男	河北唐山	1997年4月6日	554.5	03151234567
4	2	201640102	王娜	女	内蒙古包头	1997年12月4日	530.0	04726835757
5	3	201640103	刘莉莉	女	四川绵阳	1996年12月23日	535.5	08164646784
6	4	201640104	姜明	男	河北唐山	1997年3月8日	540.0	03153574243
7	5	201640105	王雨梦	女	山东青岛	1996年11月18日	553.0	05326858593
8	6	201640106	张慧熙	女	河北唐山	1997年2月14日	528.0	03154564661
9	7	201640107	高雨欣	女	河北唐山	1997年10月19日	570.0	03155353657
10	8	201640108	苏丽红	女	安徽合肥	1996年9月8日	560.0	05514647816
11	9	201640109	贾宇	男	河北唐山	1997年8月23日	545.0	03159785434
12	10	201640110	杨金喜	男	河北唐山	1997年11月11日	565.5	03153566748

图 10-5　效果图

操作步骤

(1)启动 Excel 2010，打开"SC10-02.xlsx"文件，制作标题。启动 Excel 2010，在 Sheet1 中选中 A1:H1 单元格区域，执行开始—"对齐方式"组—合并后居中，然后输入标题"学生学籍表"；选中标题单元格，执行开始—"字体"组—字体右侧下拉箭头—华文中宋，继续在"字体"组，执行字号右侧下拉箭头—16，字体颜色右侧下拉箭头—浅蓝，填充颜色右侧下拉箭头—黄色。

(2)制作列标题。选中 A2:H2 单元格区域，设置黑体、12、加粗、居中。

(3)填充输入"序号""学号""籍贯"列数据。在 A3 单元格输入起始数据"1"，在下方 A4 单元格输入下一个数据"2"，然后同时选中 A3:A4，再将鼠标移至选区的右下角填充柄上(黑色小方块处)，当光标变为+(实线十字)形状时，按住鼠标左键不放，拖动至所需位置后释放鼠标，即可根据两个数据的特点在选择区域的单元格中自动填充有规律的数据。"学号"的数据也是连续的，同样可以用填充柄进行填充输入。介绍另一种方法。在 B3 单元格输入起始数据"201640101"，鼠标移动到 B3 单元格右下角的填充柄上(黑色小方块处) 201140101，当光标变为+(实线十字)形状时，按住 Ctrl 键拖动鼠标至所需位置。"籍贯"列数据中多数是"河北唐山"，先选第一个，按住 Ctrl 键不放，选择相应的单元格，然后释放 Ctrl 键，在最后选择的单元格中输入需要填充的数据"四川绵阳"，再按"Ctrl＋Enter"组合键，即可填充相同的数据，其他单元格再用普通方法输入内容。

提示：填充数据时，也可先填首个数据，选中包括首个数据在内的要填充的区域，执行开始—“编辑”组—填充—系列,在打开的“系列”对话框中进行设置。

(4)使用数据有效性命令输入“性别”列。选中 D3:D12,执行数据—“数据工具”组—数据有效性图标 ,打开“数据有效性”对话框,进行如图 10-6 所示的设置。设置之后,“性别”列的数据只需选择,无需手写。

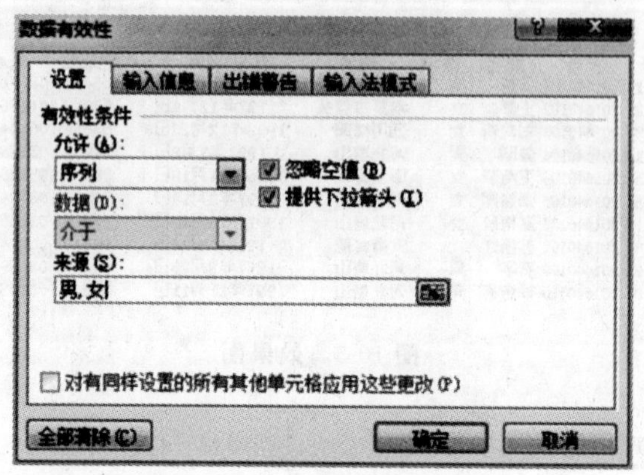

图 10-6 数据有效性设置

提示:“来源”处的数据用英文半角逗号分隔。

(5)设置“出生日期”列数据格式为日期型。先选中相应单元格区域,执行开始—“数字”组—数字格式右侧下拉箭头—长日期。

(6)设置“入学成绩”为保留一位小数。输入数据,选中本列数据单元格区域,执行开始—“数字”组—增加小数位数 或减少小数位数 ,达到保留一位小数的目的。

(7)设置“联系电话”数据单元格为文本格式。选中相应单元格区域,执行开始—“数字”组—数字格式右侧下拉箭头—文本,这样在输入电话号码时(如电话 08161234567),最前边的“0”就不会丢失。

(8)输入其他未输入的内容。

(9)设置最适合的列宽。将所有内容都选中,执行开始—“单元格”组—格式—自动调整列宽。

(10)保存文件。执行文件—保存,打开“另存为”对话框,在该对话框的上部确定保存位置:C 盘,在对话框的下部确定文件名“CH10-02.xlsx”,保存类型:Excel 工作簿。

任务3 工作表的拆分和冻结

任务目的

(1)掌握拆分工作表的基本操作方法。

(2)掌握冻结工作表的基本操作方法。

(3)理解拆分与冻结工作表的意义。

任务描述

对“CH10-01.xlsx”文件的“学生入学登记表”进行窗口拆分,同样对该表进行冻结。

操作步骤

(1)拆分工作表的意义。拆分工作表可以把当前窗口拆分成两个或四个窗格,在每个窗格都可以使用滚动条来显示工作表的一个部分,因而可以在一个文档窗口中查看工作表的不同部分,如图 10-7 所示。可以对工作表进行水平和垂直拆分,拆分窗口有通过功能区拆分和鼠标拆分两种方法。

	A	B	C	D	E	F	G
1	医学1班入学登记表						
2	学号	姓名	性别	出生日期	生源地	生源地编号	入学成绩
3	1	茹静红	女	97-12-05	北京市	001	598.0
4	2	赵小梅	女	97-08-19	重庆市	004	575.0
5	3	李欣鄘	女	98-02-22	天津市	003	588.0
6	4	罗有蓝	女	97-03-04	上海市	002	616.0
7	5	蔡刚清	男	97-06-08	北京市	001	573.0
8	6	唐洪良	男	97-09-24	天津市	002	599.0
9	7	冼伟伟	女	96-12-06	北京市	001	591.0
10	8	向继军	男	97-01-23	重庆市	004	587.0
11	9	李丹红	女	97-05-08	北京市	001	611.0
12	10	陈红梅	女	97-06-27	上海市	003	581.0
13	11	吴迪	女	97-04-16	上海市	003	595.0
14							

图 10-7 拆分窗口

(2)使用功能区拆分工作表。选定某一中间列单元格(例如 E5 单元格),该单元格所在位置将成为拆分的分割点,执行视图—“窗口”组—拆分,在选定单元格处,工作表将拆分为 4 个独立的窗格(选中第一列某单元格可以将工作表拆分为 2 个独立的窗格)。用鼠标拖动拆分窗口分隔条,可以改变分隔条的位置,从而改变独立窗格的大小。再次执行视图—“窗口”组—拆分,可以取消拆分窗口操作,或双击拆分窗口分隔条,也可取消拆分窗口操作。

(3)使用鼠标拆分工作表。在水平滚动条的右端和垂直滚动条的顶端,均有一个小方块,这个小方块就是拆分框。用鼠标拖动拆分框即可拆分工作表。

（4）冻结工作表的意义。如果工作表的数据很多，当使用垂直滚动条或水平滚动条查看数据时，将出现行标题或列标题无法显示的情况，使得查看数据很不方便。冻结窗格功能可将工作表的上窗格和左窗格冻结在屏幕上，在滚动工作表时行标题和列标题会一直在屏幕上显示，如图 10-8 所示。

	A	B	C	D	E	F	G
1		医学1班入学登记表					
2	学号	姓名	性别	出生日期	生源地	[illegible]	入学成绩
3	1	茹静红	女	97-12-05	北京市	001	598.0
4	2	赵小梅	女	97-08-19	重庆市	004	575.0
5	3	李欣娜	女	98-02-22	天津市	003	588.0
6	4	罗有蓝	女	97-03-04	上海市	002	616.0
7	5	蔡刚清	男	97-06-08	北京市	001	573.0
8	6	唐洪良	男	97-09-24	天津市	002	599.0
9	7	冼伟伟	女	96-12-06	北京市	001	591.0
10	8	向继军	男	97-01-23	重庆市	004	587.0
11	9	李丹红	女	97-05-08	北京市	001	611.0
12	10	陈红梅	女	97-06-27	上海市	003	581.0
13	11	吴迪	女	97-04-16	上海市	003	595.0
14							

图 10-8　冻结窗口

（5）冻结工作表。选定作为冻结点的单元格（例如选定 B3 单元格），执行视图—“窗口”组—冻结窗格—冻结拆分窗格，该单元格上边和左边的所有单元格都被冻结，一直在屏幕上显示。若要取消冻结窗格，执行视图—“窗口”组—冻结窗格—取消冻结窗格。

实验 11　Excel 2010 公式与函数的使用

实验目的

(1)掌握公式的使用方法。

(2)掌握函数的使用方法。

任务 1　计算某公司产品进销利数据

任务目的

(1)巩固电子表格的建立方法。

(2)熟练掌握对表格格式化的基本操作。

(3)掌握公式计算数据的一般方法。

任务描述

(1)打开对应素材文件。

(2)使用公式计算进货额、销售额、毛利和纯利:进货额＝进货单价×进货数量;销售额＝销售价×销售数量;毛利＝(销售价－进货单价)×销售数量;纯利＝毛利×70%。

(3)对数据进行格式化。标题合并后居中,华文中宋、22 磅、浅蓝、填充黄色;列标题文字采用宋体、12 磅、加粗、居中、填充浅蓝;设置除标题外的数据区域为细实线边框。最终效果如图 11-1 所示。

	A	B	C	D	E	F	G	H	I
1	某超市进销利一览表								
2	产品名称	进货单价	进货数量	进货额	销售价	销售数量	销售额	毛利	纯利
3	产品1	3520	8	28160	3800	6	22800	1680	1176
4	产品2	2650	14	37100	2880	13	37440	2990	2093
5	产品3	5990	8	47920	6500	7	45500	3570	2499
6	产品4	6235	3	18705	6650	3	19950	1245	871.5
7	产品5	4150	10	41500	4460	8	35680	2480	1736

图 11-1　效果图

(4)将文件以“CH11-01.xlsx”为名保存到 C 盘。

操作步骤

(1)启动 Excel 2010，打开“SC11-01.xlsx”文件。

(2)计算进货额。选中 D3 单元格，输入“= B3 * C3”，按回车键。再选中 D3 单元格，鼠标指向填充柄，按住鼠标左键拖动到所需位置，完成其余单元格进货额数据的填充。或直接双击填充柄，也可完成其余单元格进货额数据的填充。

(3)计算销售额。选中 G3 单元格，输入“=E3 * F3”，按回车键。再选中 G3 单元格，使用填充柄功能向下填充其余单元格的销售额数据。

(4)计算毛利。选中 H3 单元格，输入“=(E3－B3) * F3”，按回车键。再选中 H3 单元格，使用填充柄功能向下填充其余单元格的毛利数据。

(5)计算纯利。选中 I3 单元格，输入“=H3 * 0.7”，按回车键。再选中 I3 单元格，使用填充柄功能向下填充其余单元格的纯利数据。

(6)格式化数据。选择 A1:I1 单元格区域，执行开始—“对齐方式”组—合并后居中，在开始—“字体”组，华文中宋、22 磅、浅蓝、填充黄色。选择列标题文字区域 A2:I2，在开始—“字体”组，宋体、12 磅、加粗、居中、填充浅蓝，在开始—“段落“组，设置居中。

(7)设置边框线。选择 A2:I7 单元格区域，执行开始—“字体”组—下框线右侧下拉箭头—所有框线。

(8)保存文件。执行文件—保存，打开“另存为”对话框，在该对话框的上部确定保存位置:C 盘，在对话框的下部确定文件名“CH11-01.xlsx”，保存类型:Excel 工作簿。

任务 2　计算兼容机的价格

任务目的

(1)巩固电子表格的建立方法以及对表格格式化的基本操作。

(2)掌握求和函数的使用方法。

任务描述

(1)打开对应素材文件。

(2)使用求和按钮∑计算每类计算机的价格。

(3)对数据进行格式化。标题跨列居中，18 磅、加粗、蓝色；列标题文字宋体、12 磅、加粗、居中；“价格”列数据填充浅绿色。最终效果如图 11-2 所示。

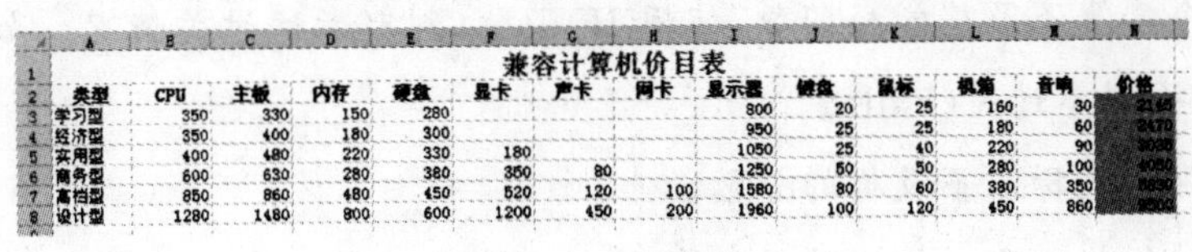

	A	B	C	D	E	F	G	H	I	J	K	L	M	N
1	兼容计算机价目表													
2	类型	CPU	主板	内存	硬盘	显卡	声卡	网卡	显示器	键盘	鼠标	机箱	音响	价格
3	学习型	350	330	150	280				800	20	25	160	30	2145
4	经济型	350	400	180	300				950	25	25	180	60	2470
5	实用型	400	480	220	330	180			1050	25	40	220	90	3035
6	商务型	600	630	280	380	350	80		1250	50	50	280	100	4050
7	高档型	850	860	480	450	520	120	100	1580	80	60	380	350	5830
8	设计型	1280	1480	800	600	1200	450	200	1960	100	120	450	860	9500

图 11-2　效果图

(4)将文件以“CH11-02.xlsx”为名保存到 C 盘。

操作步骤

(1)启动 Excel 2010，打开“SC11-02.xlsx”文件。

(2)计算价格。选中 N3 单元格，执行开始—“编辑”组—求和右侧下拉箭头—求和，确认求和的数据区域是否正确，若不正确，修改为 B3:M3，用鼠标圈选 B3:M3 即可，再按回车键，即可计算出第 1 类计算机的价格。再选中 N3 单元格，使用填充柄功能向下填充其余单元格的价格数据。

(3)格式化数据。选择 A1:N1 单元格区域，点击开始—“对齐方式”组右下角 ，打开“设置单元格格式”对话框，在“对齐”选项卡，设置：水平对齐：跨列居中。在开始—“字体”组，18 磅、加粗、蓝色。选择列标题文字区域 A2:N2，在开始—“字体”组，宋体、12 磅、加粗，在开始—“对齐方式”组，设置居中。选择“价格”列数据区域 N3:N8，在开始—“字体”组，填充浅绿色。

(4)保存文件。执行文件—保存，打开“另存为”对话框，在该对话框的上部确定保存位置：C 盘，在对话框的下部确定文件名“CH11－02.xlsx”，保存类型：Excel 工作簿。

任务 3　成绩表中不及格门数统计与考试是否过关判定

任务目的

(1)巩固电子表格的建立方法以及对表格格式化的基本操作。

(2)掌握条件统计函数 COUNTIF，判断函数 IF 的使用方法。

(3)掌握条件格式标注数据的方法。

任务描述

(1)打开对应素材文件。

(2)使用条件统计函数 COUNTIF 统计每个学生的不及格学科门数。

(3)根据每个学生不及格学科门数，使用 IF 函数，判定考试过关情况。如果无不及格学科，过关(Pass)，否则不过关(Fail)。

(4)使用条件格式标注不及格的分数。

(5)对数据进行格式化。最终效果如图 11-3 所示。

	A	B	C	D	E	F	G
1	医学1班学生成绩表						
2	学号	姓名	大学物理	医用化学	大学英语	不及格门数	判断
3	201610101	茹静红	88	91	75	0	Pass
4	201610102	赵小梅	55	85	56	2	Fail
5	201610103	李欣娜	85	80	98	0	Pass
6	201610104	罗有蓝	89	93	83	0	Pass
7	201610105	蔡刚清	87	53	78	1	Fail
8	201610106	唐洪良	90	86	68	0	Pass
9	201610107	冼伟伟	88	88	52	1	Fail
10	201610108	向继军	88	92	85	0	Pass
11	201610109	李丹红	51	82	78	1	Fail
12	201610110	陈红梅	96	90	74	0	Pass
13	201610111	吴迪	92	70	55	1	Fail
14							

图 11-3　效果图

(6)将文件以“CH11-03.xlsx”为名保存到 C 盘。

操作步骤

(1)启动 Excel 2010，打开“SC11-03.xlsx”文件。

(2)统计不及格门数。选中存放不及格门数的单元格 F3，单击编辑栏“插入函数”按钮 f_x ，选择“统计”类别中的 COUNTIF 函数。在弹出的“函数参数”对话框中，Range 处(此处输入的是数据区域)输入：C3:E3(用鼠标在工作表中圈选 C3:E3 即可)；Criteria 处(此处输入的是判断条件：分数低于 60)输入：＜60，当鼠标离开该文本框时，文本框中的内容会被自动添加上双引号，如图 11-4 所示；然后单击“确定”按钮，立即在单元格中显示统计结果。再用填充柄功能向下填充其余学生的不及格门数值。

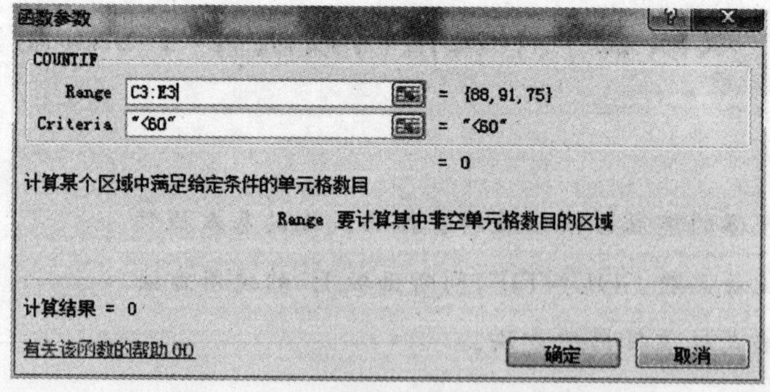

图 11-4　COUNTIF 函数参数设置

(3)考试过关判定。选中存放判定结果的单元格 G3，单击编辑栏“插入函数”按钮 f_x ，选择“常用函数”类别中的 IF 函数，在弹出的“函数参数”对话框的第一个文本框中输入判断条件(不及格门数为 0 时):F3=0;在第二个文本框中输入条件为真的结果:Pass,当鼠标离开该文本框时,文本框中的内容会被自动添加上双引号;在第三个文本框中输入条件为假的结果:Fail,当鼠标离开该文本框时,文本框中的内容也会被自动添加上双引号,如图 11-5 所示;单击“确定”按钮,立即在 G3 单元格中给出判定结果。再用填充柄功能向下填充所有学生的判定结果。

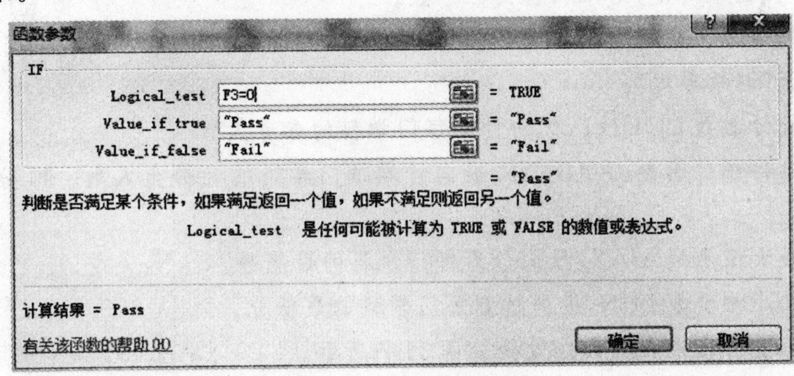

图 11-5　函数参数设置

(4)标注不及格分数。选择所有分数数据区域 C3:E13,执行开始—“样式”组—条件格式—突出显示单元格规则—小于,打开“小于”对话框,进行如图 11-6 所示的设置。

图 11-6　设置条件格式

(5)根据需要对数据进行格式化,以达到美观、大方的效果。如效果图 11-3 所示。

(6)保存文件。执行文件—保存,打开“另存为”对话框,在该对话框的上部确定保存位置:C 盘,在对话框的下部确定文件名“CH11-03.xlsx”,保存类型:Excel 工作簿。

任务 4　计算成绩表中相关数据

任务目的

(1)巩固电子表格的编辑方法以及对表格格式化的基本操作。

(2)熟练求和函数的基本操作。

(3)掌握求平均值、统计个数、求最大值、最小值等函数的使用方法。

任务描述

(1)打开对应素材文件。

(2)使用求和函数 SUM,横向计算每个学生的总分、纵向计算每门学科的总分。

(3)使用平均值函数 AVERAGE,横向计算每个学生的平均分,结果保留一位小数;纵向计算每门学科的平均分,结果保留两位小数。

(4)根据每个学生成绩的平均分,使用 IF 函数,计算奖励等级。平均分 85 分及以上为“奖励”,否则为“继续努力”。

(5)使用统计函数 COUNT,纵向计算每门学科的参考人数。

(6)使用条件统计函数 COUNTIF,纵向计算每门学科的优秀生人数。90 分及以上为优秀生。

(7)使用最大值函数 MAX,纵向计算每门学科的最高分。

(8)使用最小值函数 MIN,纵向计算每门学科的最低分。

(9)对数据进行格式化。最终效果如图 11-7 所示。

(10)将文件以“CH11-04.xlsx”为名另存到 C 盘。

	A	B	C	D	E	F	G	H
1	医学1班学生成绩表							
2	学号	姓名	大学物理	医用化学	大学英语	总分	平均分	奖励等级
3	201610101	茹静红	88	91	75	254	84.7	继续努力
4	201610102	赵小梅	55	85	56	196	65.3	继续努力
5	201610103	李欣娜	85	80	98	263	87.7	奖励
6	201610104	罗有蓝	89	93	83	265	88.3	奖励
7	201610105	蔡刚清	87	53	78	218	72.7	继续努力
8	201610106	唐洪良	90	86	68	244	81.3	继续努力
9	201610107	冼伟伟	88	88	52	228	76.0	继续努力
10	201610108	向继军	88	92	85	265	88.3	奖励
11	201610109	李丹红	51	82	78	211	70.3	继续努力
12	201610110	陈红梅	96	90	74	260	86.7	奖励
13	201610111	吴迪	92	70	55	217	72.3	继续努力
14								
15		总分	909	910	802			
16		平均分	82.64	82.73	72.91			
17		参考人数	11	11	11			
18		优秀生人数	3	4	1			
19		最高分	96	93	98			
20		最低分	51	53	52			

图 11-7　效果图

操作步骤

(1)启动 Excel 2010,打开“SC11-04.xlsx”文件。

(2)计算总分。横向计算每个学生的总分:选中 F3 单元格,执行开始—“编辑”组—自动求和,确认求和的数据区域是否正确,若不正确,修改为 C3:E3,用鼠标圈选 C3:E3 即可,再按回车键,即可计算出学生的总分。再选中 F3 单元格,使用填充柄功能向下填充其余学生的总分成绩。纵向计算每门学科的总分:选中存放单科总分的单元格,如 C15 单元格,执行开始—“编辑”组—自动求和,确认求和的数据区域是否正确,若不正确,修改为 C3:C13,用鼠标圈选 C3:C13 即可,再按回车键,即可计算出语文单科的总分值。再使用填充柄功能,向右填充另两门学科的总分值。

(3)计算平均分。横向计算每个学生的平均分:选中 G3 单元格,执行开始—“编辑”组—求和右侧下拉箭头—平均值,圈选 C3:E3,按回车键,计算出第一个学生的平均分。再选中 G3 单元格,使用填充柄功能向下填充其余学生的平均分成绩。设置小数位一位:选中 G3:G13 数据区域,多次执行开始—“数字”组—减少小数位数,达到保留一位小数的目的。用同样的方法计算每门学科的平均分并将结果保留两位小数。

(4)计算奖励等级。选中 H3 单元格,单击编辑栏“插入函数”按钮,选择“常用函数”类别中的 IF 函数,在弹出的“函数参数”对话框的第一个文本框中输入判断条件(平均分在 85 分及以上):G3＞＝85;在第二个文本框中输入:奖励,当鼠标离开该文本框时,文本框中的内容会被自动添加上双引号;在第三个文本框中输入:继续努力,当鼠标离开该文本框时,文本框中的内容也会被自动添加上双引号,如图 11-8 所示;单击“确定”按钮,立即在 H3 单元格中给出了奖励等级。再用填充柄功能向下填充所有学生的奖励等级的值。

(5)统计参考人数。选中存放参考人数的单元格,如 C17,执行开始—“编辑”组—求和右侧下拉箭头—计数,确认计数的数据区域是否正确,若不正确,修改为 C3:C13,用鼠标圈选 C3:C13 即可,再按回车键,即可计算出统计结果。再用填充柄功能向右填充另两门学科的参考人数值。

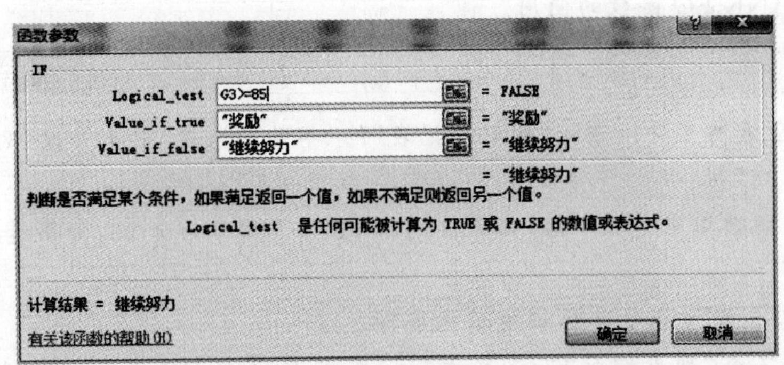

图 11-8　函数参数设定

(6)统计优秀生人数。选中存放优秀生人数的单元格,如 C18,单击编辑栏“插入函数”按钮,选择“统计”类别中的 COUNTIF 函数,在弹出的“函数参数”对话框中,Range 处(此处输入的是数据区域)输入:C3:C13(用鼠标在工作表中圈选 C3:C13 即可);Criteria 处(此处输入的是判断条件:90 分及以上)输入:＞＝90,当鼠标离开该文本框时,文本框中的内容会被自动添加上双引号;然后单击“确定”按钮,立即在单元格中显示统计结果。再用填充柄功能向右填充另两门学科的优秀生人数值。

(7)计算单科最高分。选中存放最高分的单元格,如 C19,执行开始—“编辑”组—求和右侧下拉箭头—最大值,确认数据区域是否正确,若不正确,修改为 C3:C13,用鼠标圈选 C3:C13 即可,再按回车键,即可计算出本学科最高分。再用填充柄功能向右填充另两门学科的最高分。

(8)计算单科最低分。选中存放最低分的单元格，如 C20，执行开始—“编辑”组—求和右侧下拉箭头—最小值，确认数据区域是否正确，若不正确，修改为 C3：C13，用鼠标圈选 C3：C13 即可，再按回车键，即可计算出本学科最低分。再用填充柄功能向右填充另两门学科的最低分。

(9)根据自己的美观要求，对数据进行格式化，最终效果如图 11-7 所示。

(10)另存文件。执行文件—另存为，打开“另存为”对话框，在该对话框的上部确定保存位置：C 盘，在对话框的下部确定文件名“CH11-04.xlsx”，保存类型：Excel 工作簿。

任务 5　计算职工的退休日期

任务目的

(1)巩固 IF 函数的使用。

(1)掌握 DATE、YEAR、MONTH、DAY 函数的使用。

(2)掌握绝对引用。

(3)掌握 RANK.EQ 函数的使用。

任务描述

(1)打开对应素材文件。删除“职工登记表”的“年龄”列，在“出生日期”列后增加，“退休年龄”和“退休日期”列。

(2)利用 IF 函数填充退休年龄，如果性别为“女”，退休年龄为 55，如果性别为“男”，退休年龄为 60。

(3)利用出生日期和退休年龄填充退休日期。

(4)在“基本工资”列后增加“工资名次”列，利用 RANK.EQ 函数降序排列基本工资的名次。

(5)格式化数据，效果如图 11-9 所示。

	C	D	E	F	G	H	I	J
1	某高校职工登记表							
2	[illegible]	[illegible]	[illegible]	[illegible]	[illegible]	[illegible]	[illegible]	[illegible]
3	女	90-12-05	55	2045/12/5	003	教务处	¥1,980.0	4
4	女	93-08-19	55	2048/8/19	003	教务处	¥1,750.0	10
5	女	91-02-22	55	2046/2/22	003	教务处	¥1,880.0	7
6	女	88-03-02	55	2043/3/2	007	学生处	¥2,160.0	3
7	男	91-06-08	60	2051/6/8	007	学生处	¥1,750.0	10
8	男	85-09-24	60	2045/9/24	007	学生处	¥3,000.0	1
9	女	90-12-06	55	2045/12/6	005	宿管处	¥1,900.0	6
10	男	91-01-23	60	2051/1/23	002	保卫处	¥1,800.0	9
11	女	88-05-08	55	2043/5/8	002	保卫处	¥2,800.0	2
12	女	92-06-27	55	2047/6/27	002	保卫处	¥1,850.0	8
13	女	89-04-16	55	2044/4/16	002	保卫处	¥1,950.0	5

图 11-9　效果图

(6)将文件以“CH11-05.xlsx”为名另存到C盘。

操作步骤

(1)删除、插入列。启动 Excel 2010,打开“SC11-05.xlsx”文件。选中“职工登记表”的 E 列,执行开始—“单元格”组—删除单元格图标 ;选中 E 和 F 两列,执行开始—“单元格”组—插入单元格图标 ,输入列标题。

(2)填充退休年龄。选中 E3 单元格,单击编辑栏“插入函数”按钮 ,选择“常用函数”类别中的 IF 函数,在弹出的“函数参数”对话框的第一个文本框中输入判断条件(性别为女):C3=”女”;在第二个文本框中输入:55;在第三个文本框中输入:60;单击“确定”按钮。利用填充柄功能向下填充所有职工的退休年龄。填充之后,点击右下角自动填充选项按钮,选择“不带格式填充”,这样就可以不破坏原来的格式。如果显示格式不正确,执行开始—“数字”组—数字格式右侧下拉箭头—常规。

(3)填充退休日期。将光标定位到 F3 单元格,单击编辑栏“插入函数”按钮 ,选择“日期与时间”类别中的 DATE 函数,在弹出的“函数参数”对话框的 Year 文本框中输入“YEAR(D3)+E3”;在 Month 文本框中输入“MONTH(D3)”;在 Day 文本框中输入“DAY(D3)”;如图 11-10 所示,单击“确定”按钮。填充之后,点击右下角自动填充选项按钮,选择“不带格式填充”。执行开始—“数字”组—数字格式右侧下拉箭头—短日期。

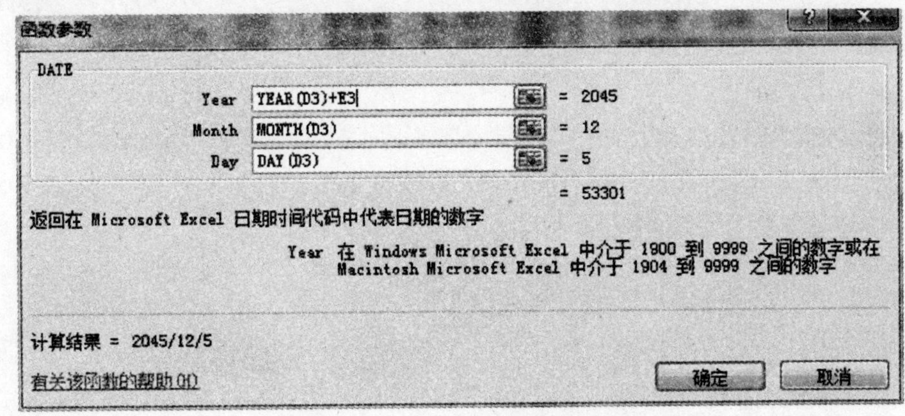

图 11-10 DATE 函数参数设置

(4)填充工资名次。在“基本工资”列后输入列标题“工资名次”。选中 J3 单元格,单击编辑栏“插入函数”按钮 ,选择“统计”类别中的 RANK.EQ 函数,在弹出的“函数参数”对话框的第一个文本框中输入:I3;在第二个文本框中圈选 I3:I13,点击 F4 键;第三个文本框可忽略;如图 11-11 所示,单击“确定”按钮。

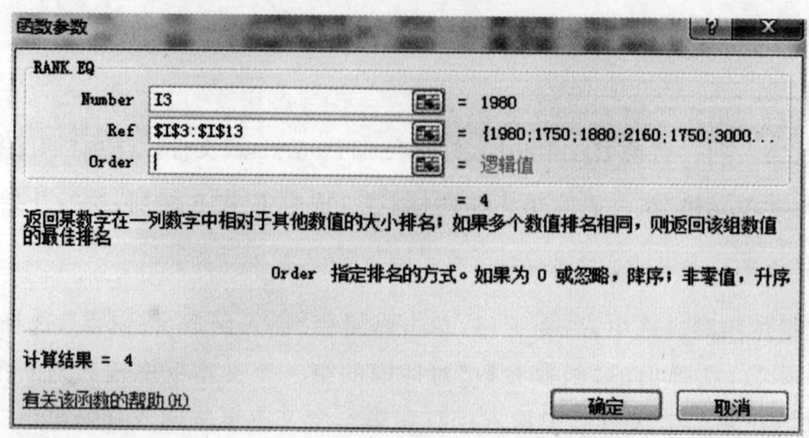

图 11-11　RANK.EQ 函数参数设置

提示：单元格名称不用自己书写，点击相应的单元格即可；点击 F4 键，即变成绝对引用。

(5)利用已学知识，格式化数据。

(6)另存文件。执行文件—另存为，打开“另存为”对话框，在该对话框的上部确定保存位置：C 盘，在对话框的下部确定文件名“CH11-05.xlsx”，保存类型：Excel 工作簿。

实验 12　Excel 2010 数据分析

实验目的

(1)掌握数据排序的操作方法。
(2)掌握数据筛选的操作方法。
(3)掌握分类汇总的使用方法。
(4)掌握数据透视表的创建方法。

任务 1　足球队出线权的确定

任务目的

(1)巩固 IF 函数的使用方法以及对表格格式化的基本操作。
(2)掌握数据排序、分类汇总的操作方法。

任务描述

(1)建立电子表格,输入原始数据,如图 12-1 所示。

	A	B	C	D	E
1	小组赛积分表				
2	球队	胜负	对手	净胜球	积分
3	山东	平	北京	0	
4	辽宁	胜	北京	3	
5	上海	胜	北京	1	
6	北京	负	辽宁	-3	
7	山东	负	辽宁	-2	
8	上海	负	辽宁	-1	
9	北京	平	山东	0	
10	辽宁	胜	山东	2	
11	上海	胜	山东	1	
12	北京	负	上海	-1	
13	山东	负	上海	-1	
14	辽宁	胜	上海	1	
15					

图 12-1　原始数据

(2)使用 IF 函数计算积分。胜得 3 分，平得 1 分，负得 0 分。

(3)按“球队”字段“升序”排序。

(4)按“球队”分类汇总“净胜球”“积分”的和。

(5)对汇总结果按“积分”作为主要关键字、“净胜球”作为次要关键字，两者均按“数值”“降序”进行排序。

(6)对数据进行格式化。最终效果如图 12-2 所示。

	A	B	C	D	E
1	小组赛积分表				
2	球队	胜负	对手	净胜球	积分
6	辽宁 汇总			6	9
10	上海 汇总			1	6
14	山东 汇总			-3	1
18	北京 汇总			-4	1
19	总计			0	17

图 12-2 效果图

(7)将文件以“CH12-01.xlsx”为名保存到 E 盘。

操作步骤

(1)启动 Excel 2010，按图 12-1 所示输入原始数据。

(2)计算积分。选中 E3 单元格，单击编辑栏“插入函数”按钮 fx ，选择“常用函数”类别中的 IF 函数，在弹出的“函数参数”对话框的第一个文本框中输入判断条件：B3=”胜”；在第二个文本框中输入：3；在第三个文本框中点击编辑栏左侧的 IF 函数，如图 12-3 所示嵌套一个 IF 函数。在新的 IF 函数参数窗口，第一个文本框中输入判断条件：B3=”平”；在第二个文本框中输入：1；在第三个文本框中输入：0，单击“确定”按钮。再用填充柄功能向下填充所有球队每场的积分。

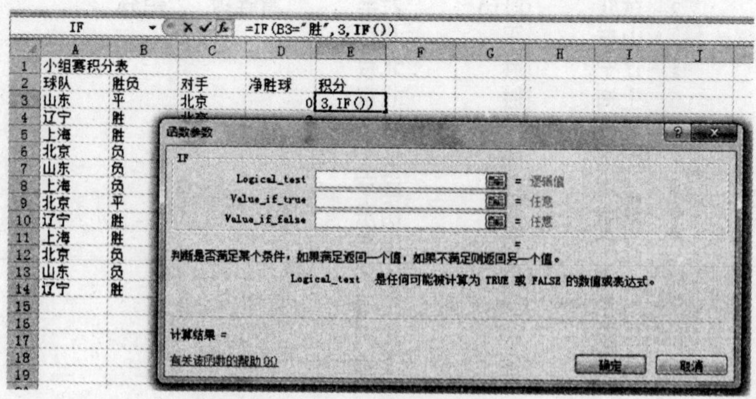

图 12-3 IF 函数的嵌套

(3)按“球队”字段“升序”排序。将光标定位于“球队”列数据的任一单元格中，执行开始—“编辑”组—排序和筛选—升序，即完成单一关键字的排序。

(4)按“球队”分类汇总“净胜球”，“积分”的和。按球队分类汇总，首先要按“球队”排序，因上一步中已经做过了排序，所以此处排序的操作可以省掉。将光标定位于数据库中，执行数据—“分级显示”组—分类汇总，打开“分类汇总”对话框，分类字段：球队，汇总方式：求和，选定汇总项：净胜球、积分，如图 12-4 所示。分类汇总的结果如图 12-5 所示。在汇总表左上角单击显示级别按钮“1 2 3”中的“2”，可以隐藏第 3 级(原始记录细节)，而得到仅含汇总项(小计和总计)的数据表，从而将分类汇总表折叠起来。

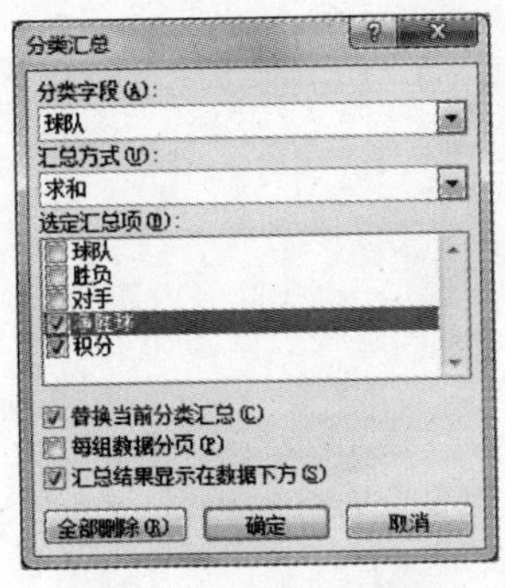

图 12-4　**分类汇总**

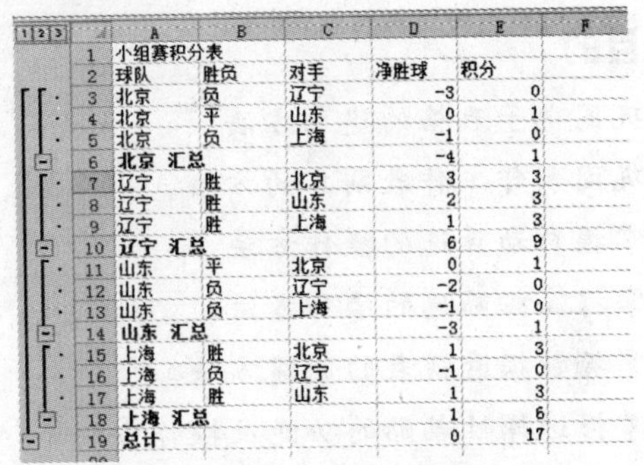

	A	B	C	D	E
1	小组赛积分表				
2	球队	胜负	对手	净胜球	积分
3	北京	负	辽宁	-3	0
4	北京	平	山东	0	1
5	北京	负	上海	-1	0
6	北京 汇总			-4	1
7	辽宁	胜	北京	3	3
8	辽宁	胜	山东	2	3
9	辽宁	胜	上海	1	3
10	辽宁 汇总			6	9
11	山东	平	北京	0	1
12	山东	负	辽宁	-2	0
13	山东	负	上海	-1	0
14	山东 汇总			-3	1
15	上海	胜	北京	1	3
16	上海	负	辽宁	-1	0
17	上海	胜	山东	1	3
18	上海 汇总			1	6
19	总计			0	17

图 12-5　**分类汇总结果**

(5)小组名次排定。将光标定位到折叠后的分类汇总表中，执行开始—“编辑”组—排序和筛选—自定义排序，打开“排序”对话框，进行如图 12-6 所示的设置。这样就得到了最终的小组比赛名次顺序，小组出线权也就确定。可以看出，在积分相同时，净胜球多(即输球少)的队伍排在前面，如图 12-7 所示。

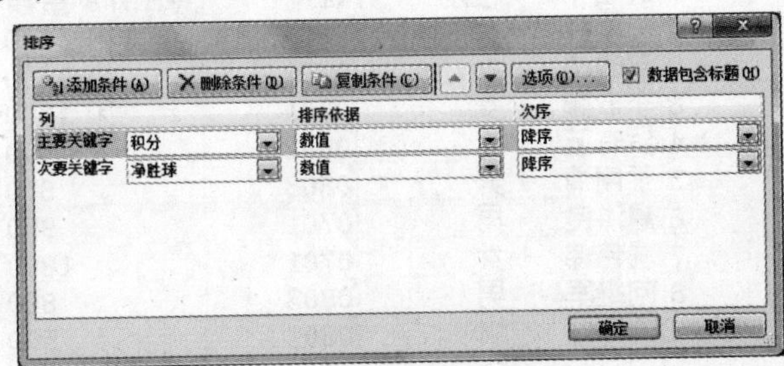

图 12-6　**排序对话框**

	A	B	C	D	E
1	小组赛积分表				
2	球队	胜负	对手	净胜球	积分
6	**辽宁 汇总**			6	9
10	**上海 汇总**			1	6
14	**山东 汇总**			-3	1
18	**北京 汇总**			-4	1
19	**总计**			0	17

图 12-7　**对分类汇总结果进行排序**

(6)利用已学知识对数据表进行格式化。

(7)保存文件。执行文件—保存,打开"另存为"对话框,在该对话框的上部确定保存位置:E 盘,在对话框的下部确定文件名"CH12-01.xlsx",保存类型:Excel 工作簿。

任务2 特困生补助调整等操作

任务目的

(1)巩固电子表格的建立方法。

(2)巩固制作工作表副本的方法。

(3)掌握自动筛选的操作方法。

(4)掌握高级筛选的操作方法。

(5)掌握数据透视表的创建方法。

(6)掌握选择性粘贴的功能及操作方法。

任务描述

(1)建立电子表格,在 Sheet1 中输入原始数据,如图 12-8 所示。

	A	B	C	D	E
1	特困生补助表				
2	序号	姓名	性别	班级	特困补助金额
3	1	茹静红	女	0801	1500
4	2	赵晓梅	女	0702	1200
5	3	李欣娜	女	0701	1000
6	4	罗有蓝	女	0802	500
7	5	蔡刚清	男	0803	800
8	6	唐洪良	男	0701	950
9	7	冼伟伟	女	0701	1800
10	8	向继军	男	0803	800
11	9	李丹红	女	0802	500
12					

图 12-8 原始数据

(2)在 Sheet2 和 Sheet3 中制作 Sheet1 的副本。

(3)在 Sheet1 中使用自动筛选,筛选出特困补助金额在 1000 元及以下的记录。

(4)对筛选出的记录的特困补助金额进行调整:上浮 10%。

(5)使用选择性粘贴修改相应数据。

(6)在 Sheet2 中进行高级筛选,筛选出性别为男或班级为 0801 的记录。筛选条件从 B14 开始写,筛选出的记录复制到 A18 开始的位置。

(7)在 Sheet3 中建立数据透视表,数据透视表创建在一个新的工作表中,行标签:性别,

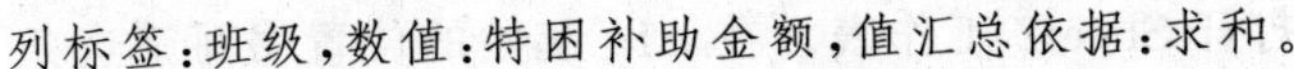

列标签:班级,数值:特困补助金额,值汇总依据:求和。

(8)将文件以“CH12-02.xlsx”为名保存到 E 盘。

操作步骤

(1)启动 Excel 2010,按图 12-8 所示在 Sheet1 中输入原始数据。

(2)制作 Sheet1 的副本。点击行号 1 上方、列号 A 左侧的按钮,将整张工作表选中,右击,选择“复制”命令,点击 Sheet2 标签,打开 Sheet2,选中 A1 单元格,右击,选择“粘贴”命令。点击 Sheet3 标签,打开 Sheet3,选中 A1 单元格,右击,选择“粘贴”命令。

(3)自动筛选。点击 Sheet1 标签,打开 Sheet1 工作表。将光标定位于数据库中,执行开始—“编辑”组—排序和筛选—筛选,每一个字段名右侧都会出现一个小三角下拉箭头按钮。点击“特困补助金额”右侧的小三角按钮,选择数字筛选—小于或等于,打开“自定义自动筛选方式”对话框,输入 1000,“确定”,即可筛选出符合条件的记录。

(4)计算上浮 10%特困补助金额。在筛选结果第一条记录右边的空单元格中输入公式:“= E5 * 110%”,即可计算出第一条筛选记录调整后的特困补助金额。将公式向下填充,即可算出所有满足条件者的调整结果。开始—“编辑”组—排序和筛选—筛选,关闭自动筛选功能,显示出全部记录。

(5)选择性粘贴临时单元格内容。选中所有临时单元格,包括空白单元格,即 F5:F11,按“Ctrl+C”组合键复制,选中 E5 单元格,右击,选择性粘贴—选择性粘贴,打开“选择性粘贴”对话框,进行如图 12-9 所示的设置。可以看到,原补助金额小于或等于 1000 的记录中,现在都增加了 10%。最后将不再使用的临时单元格中的数据全部删除。

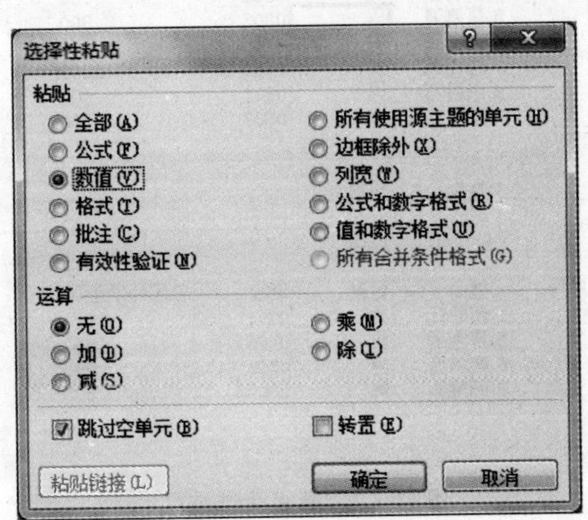

图 12-9 “选择性粘贴”对话框

提示:也可用另一种方法调整特困补助金额:在操作步骤(4)中,使用公式“=E5 * 10%”,则在操作步骤(5)中,在对“选择性粘贴”对话框进行设置时,将“运算”选择为“加”,其余相同,也可达到上浮 10%的目的。

(6)高级筛选。点击 Sheet2 标签，打开 Sheet2 工作表。在 B14 起始的位置书写筛选条件，如图 12-10 所示。将光标定位到数据库，执行数据—“排序和筛选”组—高级，打开“高级筛选”对话框，设置“方式”为“将筛选结果复制到其他位置”；将光标定位到“列表区域”后面的文本框，在 Sheet2 中圈选 A2:E11；将光标定位到“条件区域”后面的文本框，在 Sheet2 中圈选 B14:C16；将光标定位到“复制到”后面的文本框，在 Sheet2 中点击 A18，如图 12-11 所示；单元“确定”按钮，即完成高级筛选。在 A18 起始的位置出现筛选结果，如图 12-12 所示。

	A	B	C	D	E	F
1	特困生补助表					
2	序号	姓名	性别	班级	特困补助金额	
3	1	茹静红	女	0801	1500	
4	2	赵晓梅	女	0702	1200	
5	3	李欣娜	女	0701	1000	
6	4	罗有蓝	女	0802	500	
7	5	蔡刚清	男	0803	800	
8	6	唐洪良	男	0701	950	
9	7	冼伟伟	女	0701	1800	
10	8	向继军	男	0803	800	
11	9	李丹红	女	0802	500	
12						
13						
14		性别	班级			
15		男				
16			0801			

图 12-10 筛选条件

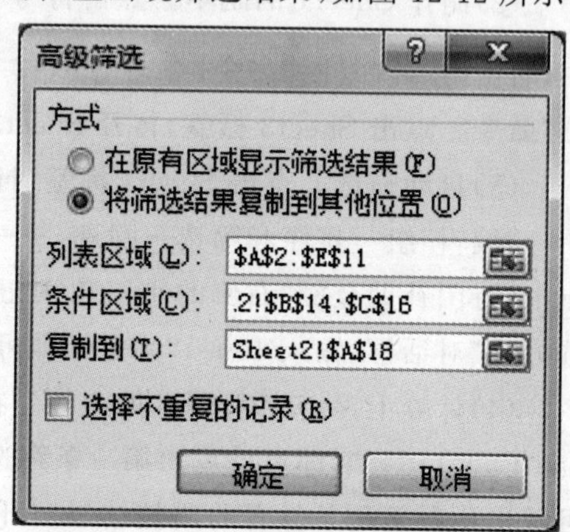

图 12-11 “高级筛选”对话框

	A	B	C	D	E	F
1	特困生补助表					
2	序号	姓名	性别	班级	特困补助金额	
3	1	茹静红	女	0801	1500	
4	2	赵晓梅	女	0702	1200	
5	3	李欣娜	女	0701	1000	
6	4	罗有蓝	女	0802	500	
7	5	蔡刚清	男	0803	800	
8	6	唐洪良	男	0701	950	
9	7	冼伟伟	女	0701	1800	
10	8	向继军	男	0803	800	
11	9	李丹红	女	0802	500	
12						
13						
14		性别	班级			
15		男				
16			0801			
17						
18	序号	姓名	性别	班级	特困补助金额	
19	1	茹静红	女	0801	1500	
20	5	蔡刚清	男	0803	800	
21	6	唐洪良	男	0701	950	
22	8	向继军	男	0803	800	
23						
24						

图 12-12 高级筛选结果

提示：在书写筛选条件时，需注意：能从数据库中复制的就不要自己书写，自己书写时符号要用英文半角。先复制粘贴筛选条件中涉及到的字段名称，接下来写这些字段名下需要满足的条件，条件写在同一行表示与的关系，条件写在不同行表示或的关系。

(7)创建数据透视表。点击 Sheet3 标签，打开 Sheet3 工作表。将光标定位到数据库，执行插入—“表格”组—插入数据透视表图标，打开“创建数据透视表”对话框，进行如图12-13所示的设置，默认情况下“表/区域”的选定区域即是数据库区域，用户不必重新圈选数据库，单击“确定”按钮，出现数据透视表框架，在右侧的“数据透视表字段列表”窗口，将“性别”拖动到“行标签”区域，将“班级”拖动到“列标签”区域，将“特困补助金额”拖动到“数值”区域，如图12-14所示。创建的数据透视表如图12-15所示。

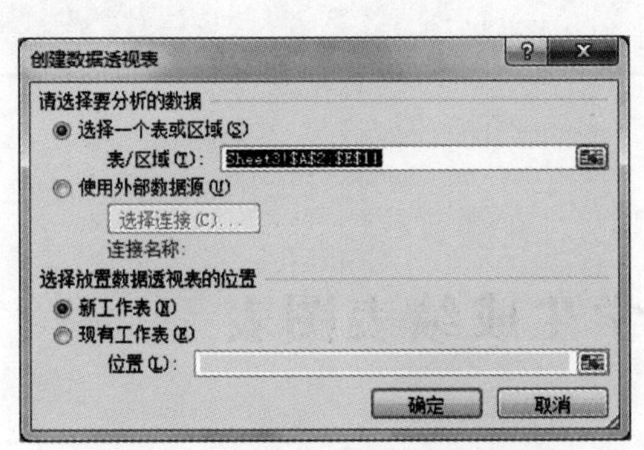

图12-13 “创建数据透视表”对话框

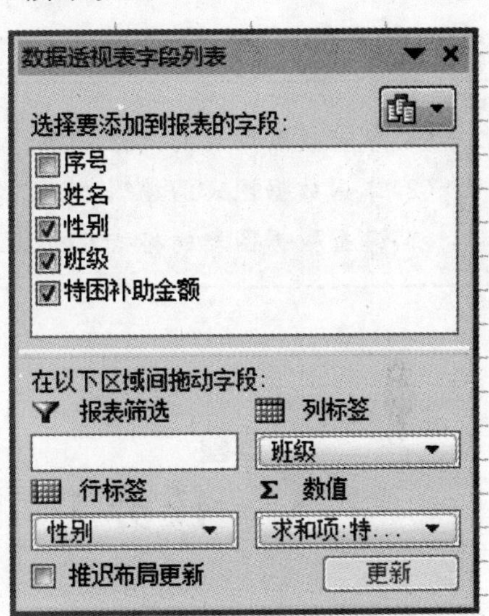

图12-14 将字段拖动到对应区域

	A	B	C	D	E	F	G
1							
2							
3	求和项:特困补助金额	列标签					
4	行标签	0701	0702	0801	0802	0803	总计
5	男	950				1600	2550
6	女	2800	1200	1500	1000		6500
7	总计	3750	1200	1500	1000	1600	9050

图12-15 数据透视表

提示：如需更改值汇总依据，选中“求和项：特困补助金额”，右击，选择“值汇总依据”命令下所需汇总形式即可。

(8)保存文件。执行文件—保存，打开“另存为”对话框，在该对话框的上部确定保存位置：E盘，在对话框的下部确定文件名“CH12-02.xlsx”，保存类型：Excel工作簿。

实验 13 Excel 2010 图表操作

实验目的

(1)掌握数据图表的建立方法。

(2)掌握数据图表的编辑方法。

(3)掌握数据图表的格式化方法。

任务 1 建立学生成绩表图表

任务目的

(1)掌握图表的创建方法。

(2)掌握对已创建图表的编辑修改操作。

(3)掌握图表的格式化方法。

任务描述

(1)针对"CH11-04.xlsx"的数据，建立图表工作表。

(2)水平轴："姓名"，垂直轴："语文""数学""英语"；图表类型：带数据标记的折线图；图表布局：布局 1；图表位置：作为新工作表插入，名称"学生成绩比较图表"；图表标题：学生成绩比较图。

(3)将图表类型改为"簇状柱形图"。

(4)删除"英语"数据系列。

(5)删除坐标轴标题。

(6)设置图表样式为"样式 18"。

(7)添加如效果图 13-1 所示的数据标签。

(8)显示模拟运算表。

(9)设置横坐标轴标题：姓名，纵坐标轴标题：分数，如效果图 13-1 所示。

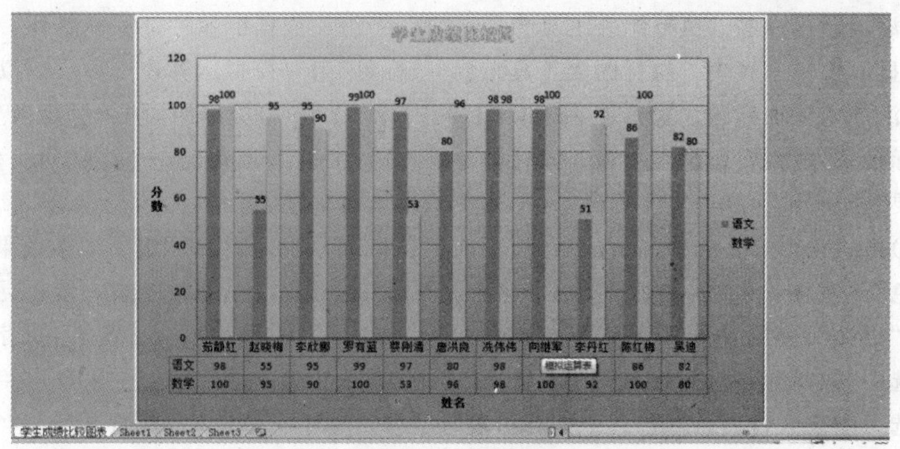

图 13-1 效果图

(10)设置图表区形状样式为"细微效果—红色,强调颜色 2",绘图区形状样式为"细微效果—紫色,强调颜色 4"。"语文"系列填充"深蓝,文字 2,淡色 60%","数学"系列填充"深蓝,文字 2,淡色 80%"。图表区文字 14 磅。标题文字颜色"黄色",文字效果"红色,5pt 发光,强调文字颜色 2",20 磅。

(11)将文件以"CH13-01.xlsx"为名另存到 E 盘。

操作步骤

(1)双击打开"CH11-04.xlsx"工作簿。

(2)建立图表。选中 B2:E13,执行插入—"图表"组—折线图—带数据标记的折线图;执行图表工具设计—"图表布局"组—布局 1;执行图表工具设计—"位置"组—移动图表,打开"移动图表"对话框,进行如图 13-2 所示的设置。在图表标题处输入标题。

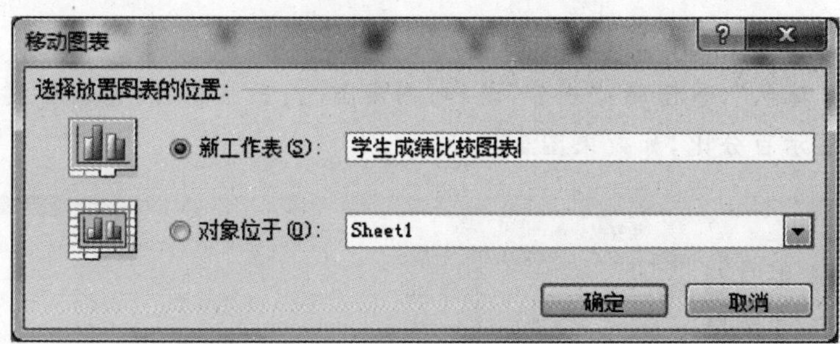

图 13-2 设置图表位置

(3)更改图表类型。选中图表,执行图表工具设计—"类型"组—更改图表类型—簇状柱形图。

(4)删除"英语"数据系列。点击"英语"数据系列,按键盘上 Delete 键删除。

(5)删除坐标轴标题。选中坐标轴标题,按键盘上 Delete 键删除。

(6)设置图表样式。选中图表,执行图表工具设计—"图表样式"组—样式 18。

(7)添加数据标签。执行图表工具布局—“标签”组—数据标签—数据标签外。

(8)显示模拟运算表。执行图表工具布局—“标签”组—模拟运算表—显示模拟运算表。

(9)添加坐标轴标题。执行图表工具布局—“标签”组—坐标轴标题—主要横坐标轴标题—坐标轴下方标题,在图表中输入坐标轴标题;执行图表工具布局—“标签”组—坐标轴标题—主要纵坐标轴标题—竖排标题,在图表中输入坐标轴标题。

(10)格式化图表。选中图表区,执行图表工具格式—“形状样式”组—细微效果—红色,强调颜色 2。选中绘图区,执行图表工具格式—“形状样式”组—细微效果—紫色,强调颜色 4。选中“语文”系列,执行图表工具格式—“形状样式”组—形状填充—深蓝,文字 2,淡色 60%。选中“数学”系列,执行图表工具格式—“形状样式”组—形状填充—深蓝,文字 2,淡色 80%。选中图表区,执行开始—“字体”组,设置字号。选中标题文字,执行开始—“字体”组,设置字体颜色,执行图表工具格式—“艺术字样式”组—文本效果—发光—红色,5pt 发光,强调文字颜色 2,执行开始—“字体”组,设置字号。

(11)另存文件。执行文件—另存为,打开“另存为”对话框,在该对话框的上部确定保存位置:E 盘,在对话框的下部确定文件名“CH13-01.xlsx”,保存类型:Excel 工作簿。

任务 2　建立各球队积分对比图表

任务目的

掌握用不连续数据创建图表的方法。

任务描述

(1)针对“CH12-01.xlsx”的数据,建立嵌入式图表。

(2)分类轴:“球队”,数值轴:“积分”之和;图表类型:三维饼图;图表标题:各球队积分对比;图例:靠右,显示百分比,如效果图 13-3 所示。

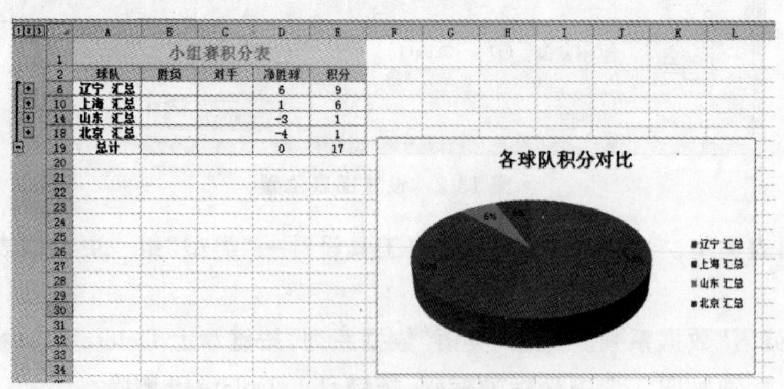

图 13-3　效果图

(3)将文件以“CH13-02.xlsx”为名另存到E盘。

操作步骤

(1)双击打开“CH12-01.xlsx”工作簿。

(2)建立图表。选中A2、A6、A10、A14、A18、E2、E6、E10、E14、E18,因单元格是不连续的,在选择时要选定第一个单元格A2之后,按住Ctrl键选择其他的单元格。执行插入—“图表”类—饼图—三维饼图。在生成的图表上更改标题。图例默认即为靠右。执行图表工具布局—“标签”组—数据标签—其他数据标签选项,在打开的“设置数据标签格式”对话框,勾选“百分比”,去掉“值”。

(3)另存文件。执行文件—另存为,打开“另存为”对话框,在该对话框的上部确定保存位置:E盘,在对话框的下部确定文件名“CH13-02.xlsx”,保存类型:Excel工作簿。

实验 14 PowerPoint 2010 基本操作

实验目的

掌握 PowerPoint 2010 的基本操作。

任务 1 新建演示文稿

任务目的

(1)熟练掌握 Power Point 2010 的启动操作。

(2)认识并熟悉 PowerPoint 2010 的窗口组成。

(3)掌握在幻灯片中输入文本的方法。

(4)熟练掌握 PowerPoint 2010 的保存方法。

任务描述

启动 PowerPoint 2010，创建一个演示文稿文件，在副标题处输入“某某某”，以文件名“CH14-01.pptx”为名保存到 E 盘。

操作步骤

(1)启动 PowerPoint 2010。单击“开始”菜单，执行所有程序－Microsoft Office－ Microsoft Office PowerPoint 2010，系统自动创建一个名为演示文稿 1 的演示文稿文件，此时默认有一张标题幻灯片。如图 14-1 所示。

(2)输入文字。在幻灯片的副标题占位符上点击鼠标，输入“某某某”。

(3)保存文件。执行文件—保存，打开“另存为”对话框，在该对话框的上部确定保存位置:C 盘，在对话框的下部确定文件名“CH14-01.pptx”，保存类型:PowerPoint 演示文稿。

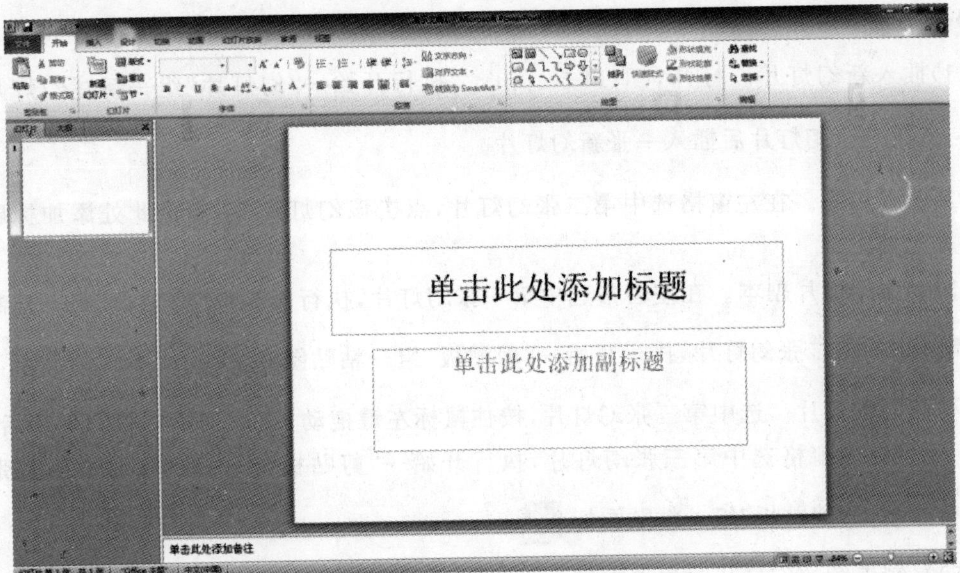

图 14-1　PowerPoint 2010 工作界面

任务 2　幻灯片的新建、复制、移动、删除等操作

任务目的

(1)掌握幻灯片的新建操作。

(2)掌握幻灯片的选择方法。

(3)掌握幻灯片的复制操作。

(4)掌握幻灯片的移动操作。

(5)掌握幻灯片的删除操作。

任务描述

(1)打开"CH14-01.pptx",在第一张幻灯片后添加一张幻灯片。

(2)在第二张幻灯片的标题处输入"内容提要"。

(3)制作第一张幻灯片的副本,将副本放到第二张幻灯片后。

(4)移动第三张幻灯片到第一张幻灯片之后。

(5)复制前三张幻灯片到第四至六张。

(6)删除第二、四、五、六张幻灯片。

(7)将文件以"CH14-02.pptx"为名另存到 C 盘。

操作步骤

(1)插入新幻灯片。打开“CH14-01.pptx”，执行开始—“幻灯片”组—新建幻灯片图标，在第一张幻灯片后插入一张新幻灯片。

(2)输入内容。在左窗格选中第二张幻灯片，点击该幻灯片的“单击此处添加标题”，输入“内容提要”。

(3)制作幻灯片副本。在左窗格选中第一张幻灯片，执行开始—“剪贴板”组—复制图标 复制，选中第二张幻灯片，执行开始—“剪贴板”组—粘贴图标。

(4)移动幻灯片。选中第三张幻灯片，按住鼠标左键拖动，拖动到第一张幻灯片后，松开鼠标。也可在左窗格选中第三张幻灯片，执行开始—“剪贴板”组—剪切，选中第一张幻灯片，执行开始—“剪贴板”组—粘贴图标。

(5)复制连续的幻灯片。先点击第一张幻灯片，按住键盘上的 Shift 键，点击第三张幻灯片，则选中了这三张幻灯片，执行开始—“剪贴板”组—复制图标 复制，再点击第三张幻灯片，执行开始—“剪贴板”组—粘贴图标。

(6)删除不连续的幻灯片。在左窗格，点击第二张幻灯片，按住键盘上的 Ctrl 键，点击第四、五、六张幻灯片，右击，选择“删除幻灯片”命令。

(7)另存文件。执行文件—另存为，打开“另存为”对话框，在该对话框的上部确定保存位置：C 盘，在对话框的下部确定文件名“CH14-02.pptx”，保存类型：PowerPoint 演示文稿。

实验 15　PowerPoint 2010　编辑演示文稿

实验目的

(1)掌握向幻灯片中添加对象(包括图片、形状、图表、文本框、艺术字、表格、多媒体等)的方法。

(2)掌握幻灯片的格式化和美化方法。

任务 1　为演示文稿添加对象

任务目的

(1)掌握插入文件的方法。

(2)掌握各种对象的插入方法。

(3)掌握各种对象的格式设置。

任务描述

(1)新建演示文稿文件,在第一张幻灯片后插入“CH14-02.pptx”的所有幻灯片。删除第一张幻灯片。

(2)在第一张幻灯片中,删除标题占位符。插入艺术字,应用已学知识,格式化艺术字,如图 15-1 所示。

(3)设置第一张幻灯片副标题,字体:华文行楷;字号:48 磅;自定义颜色:红色:247,绿色:189,蓝色:141。

(4)在第一张幻灯片中插入声音文件“Kalimba.mp3”(也可以是其他音乐),放映时隐藏声音图标。

(5)在第二张幻灯片中输入文本内容。如图 15-2 所示。

(6)在第二张幻灯片后插入一张新幻灯片,输入如图 15-3 所示的内容并插入一幅剪贴画。适当调整图片大小。图片位置为水平距左上角 14 厘米,垂直距左上角 4.5 厘米。

(7)再插入一张新幻灯片。如图 15-4 所示输入标题并插入表格。应用已学知识,美化表格。

(8)再插入一张新幻灯片。如图 15-5 所示输入标题并插入图表。应用已学知识，美化图表。

(9)再插入一张新幻灯片。如图 15-6 所示输入标题和文本。在左下角插入文本框，输入文字“返回首页”。

(10)将文件以“CH15-01.pptx”为名保存到 C 盘。

我的大学生活
某某某

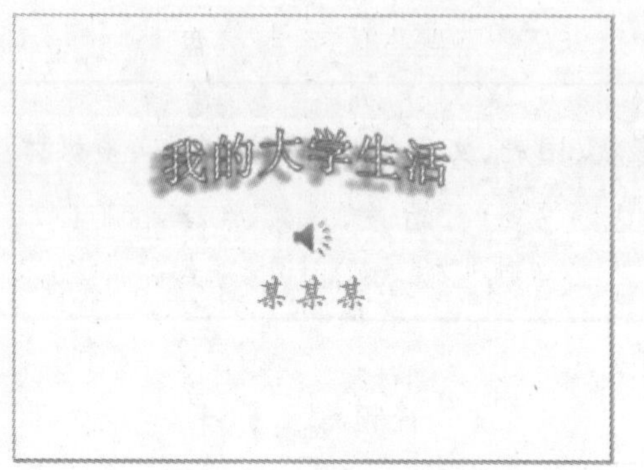

图 15-1　**第一张幻灯片**

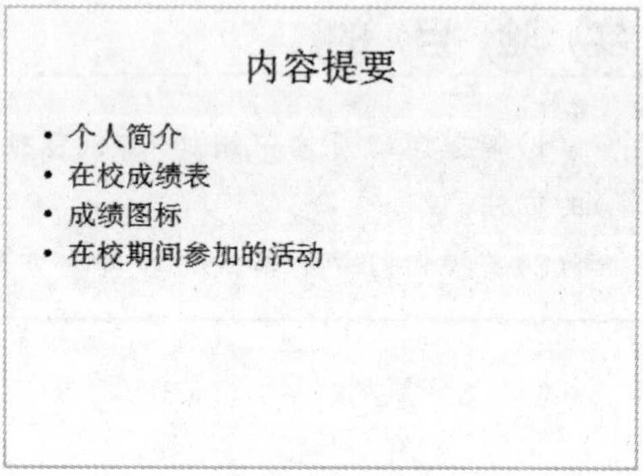

内容提要
• 个人简介
• 在校成绩表
• 成绩图标
• 在校期间参加的活动

图 15-2　**第二张幻灯片**

个人简介
• 姓名：某某某
• 性别：男
• 系别：临床医学系
• 爱好：音乐、摄影

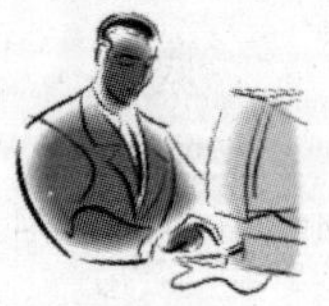

图 15-3　**第三张幻灯片**

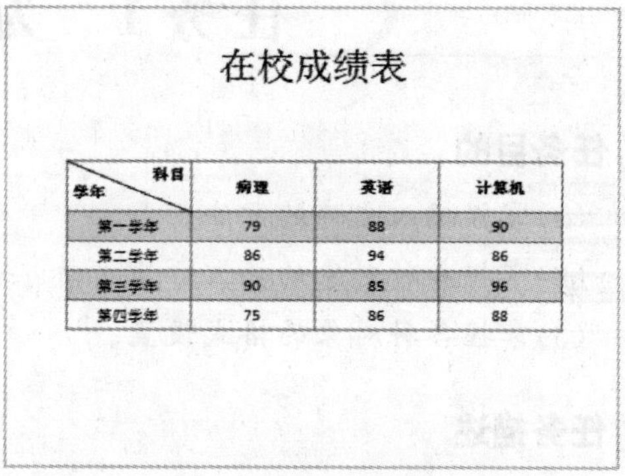

在校成绩表
科目
学年
病理
英语
计算机
第一学年 79 88 90
第二学年 86 94 86
第三学年 90 85 96
第四学年 75 86 88

图 15-4　**第四张幻灯片**

成绩图标
120
100
80
60
40
20
0
病理
英语
计算机
第一学年
第二学年
第三学年
第四学年

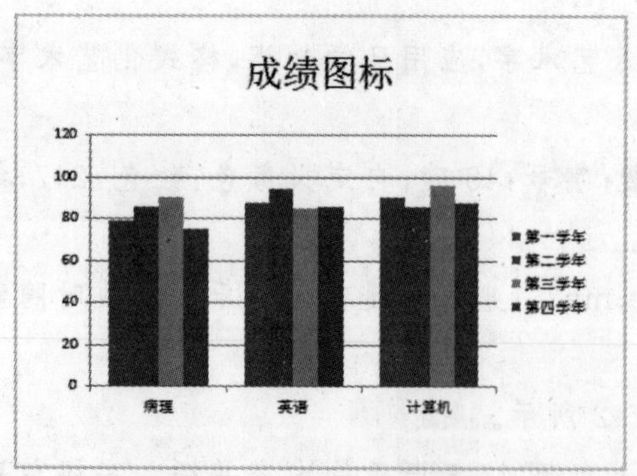

图 15-5　**第五张幻灯片**

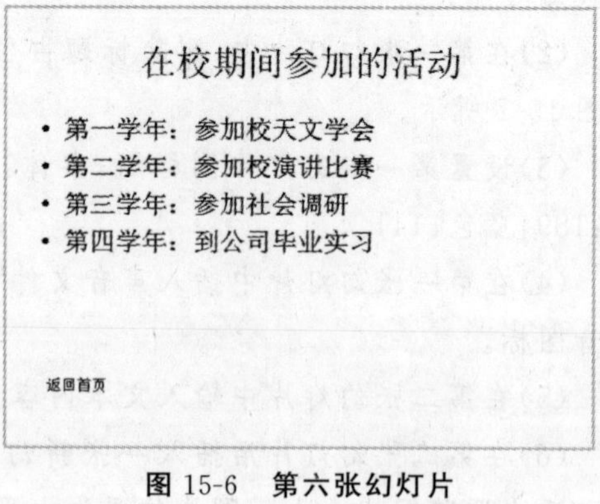

在校期间参加的活动
• 第一学年：参加校天文学会
• 第二学年：参加校演讲比赛
• 第三学年：参加社会调研
• 第四学年：到公司毕业实习
返回首页

图 15-6　**第六张幻灯片**

操作步骤

(1)插入其他文件中的幻灯片。启动 PowerPoint 2010,执行开始—“幻灯片”组—新建幻灯片右侧下拉箭头—重用幻灯片,在右侧的“重用幻灯片”窗格,点击“浏览”按钮,选择“浏览文件”命令,弹出“浏览”对话框,在 C 盘找到“CH14-02.pptx”文件,点击“打开”按钮。在“重用幻灯片”窗格,按幻灯片顺序点击插入所需幻灯片后,关闭“重用幻灯片”窗格。选中第一张幻灯片,按键盘上 Delete 键删除。

(2)删除标题占位符,插入艺术字。选中第一张幻灯片的标题占位符,按键盘上 Delete 键删除,将该占位符删掉。执行插入—“文本”组—艺术字,插入二行二列的样式,输入“我 的 大 学 生 活”。应用已学知识,设置艺术字字号、发光效果、上弯弧效果,适当调整艺术字位置。

(3)设置副标题格式。选中第一张幻灯片的副标题,执行开始—“字体”组,设置字体、字号,字体颜色右侧下拉箭头—其他颜色,在“自定义”选项卡,输入红色:247,绿色:189,蓝色:141。

(4)插入声音。选中第一张幻灯片,执行插入—“媒体”组—音频图标 ,打开“插入音频”对话框,在硬盘中找到要插入的声音文件,“插入”。选中音频图标,执行音频工具播放—“音频选项”组,勾选放映时隐藏。

(5)在第二张幻灯片中输入文本内容。

(6)设置第三张幻灯片的内容。选中第二张幻灯片,执行插入—“幻灯片”组—新建幻灯片图标 。输入标题和文本。执行插入—“图像”组—剪贴画,在右侧“剪贴画”窗格,点击“搜索”,点击如图 15-3 所示的剪贴画,适当调整图片大小。选中图片,右击,选择“大小和位置”命令,打开“设置图片格式”对话框,进行如图 15-7 所示的设置。

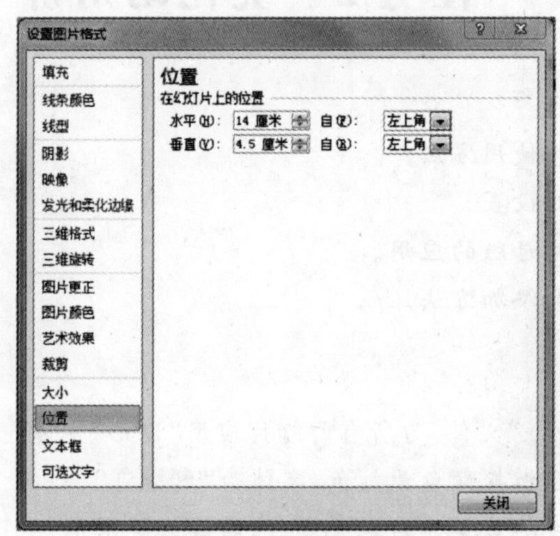

图 15-7 设置图片位置

提示:如需更改幻灯片版式,可执行开始—“幻灯片”组—版式,选择需要的版式。

(7)设置第四张幻灯片的内容。选中第三张幻灯片,执行插入—“幻灯片”组—新建幻灯片图标 。输入标题。点击幻灯片上“插入表格”按钮,输入列数:4,行数:5,点击“确定”按钮,即出现一个5行4列的表格。输入表格文字。应用已学知识设置表格样式,表格中文字对齐方式和字号及斜线表头。

(8)设置第五张幻灯片的内容。选中第四张幻灯片,执行插入—“幻灯片”组—新建幻灯片图标 。输入标题。点击幻灯片上“插入图表”按钮,在弹出的“插入图表”对话框,选择“簇状柱形图”。按照第四张幻灯片中表格的内容输入Excel表(表头单元格除外),输入之后关闭Excel程序。选中图表,执行图表工具设计—“数据”组—选择数据,在打开的“选择数据源”对话框,点击“切换行/列”。应用已学知识,更改数据系列的形状样式。适当调整图表大小。

(9)设置第六张幻灯片的内容。选中第五张幻灯片,执行插入—“幻灯片”组—新建幻灯片图标 。输入标题和文本。执行插入—“文本”组—绘制横排文本框图标 ,在幻灯片的左下角画一个文本框,在其中输入“返回首页”。

(10)保存文件。执行文件—保存,打开“另存为”对话框,在该对话框的上部确定保存位置:C盘,在对话框的下部确定文件名“CH15-01.pptx”,保存类型:PowerPoint演示文稿。

任务2 美化幻灯片

任务目的

(1)掌握幻灯片主题的使用方法。

(2)掌握幻灯片背景的设置。

(3)了解并掌握幻灯片母版的应用。

(4)掌握幻灯片编号的添加方法。

任务描述

(1)打开“CH15-01.pptx”文件,为所有幻灯片应用“波形”主题。

(2)更改当前主题的超链接颜色为红色,字体为“奥斯汀”。

(3)设置第一张幻灯片的背景为白色大理石,隐藏背景图形。

(4)恢复第一张幻灯片的背景。

(5)设计幻灯片母版。更改幻灯片母版标题占位符的形状样式为“浅色1轮廓,彩色填

充—蓝色，强调颜色1”。

(6)为幻灯片添加编号，标题幻灯片中不显示。并将编号字号设置为14磅。

(7)将文件以“CH15-02.pptx”为名另存到C盘。最终效果如图15-8所示。

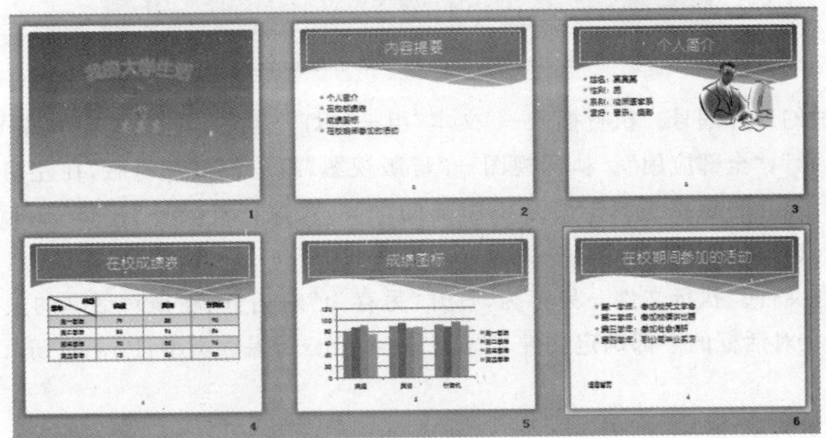

图15-8　效果图

操作步骤

(1)应用主题。打开“CH15-01.pptx”文件，执行设计—“主题”组—波形，即为整个演示文稿应用了主题。

提示：也可右击选定的主题，应用于选定幻灯片。

(2)更改当前主题。执行设计—“主题”组—颜色—新建主题颜色，打开“新建主题颜色”对话框，更改超链接颜色为红色。如幻灯片中有超链接将以红色显示。执行设计—“主题”组—字体—奥斯汀。

(3)设置背景。选中第一张幻灯片，执行设计—“背景”组—背景样式—设置背景格式，打开“设置背景格式”对话框，选择“图片或纹理填充”，设置白色大理石纹理，勾选“隐藏背景图形”，如图15-9所示，“关闭”。

(4)恢复背景。选中第一张幻灯片，执行设计—“背景”组—背景样式—重置幻灯片背景，在“背景”组取消“隐藏背景图形”的勾选。

(5)设计幻灯片母版。执行视图—“母版视图”组—幻灯片母版，在左窗格选择第一张幻灯片母版，在右窗格选择标题占位符，如图15-10所示，执行绘图工具格式—“形状样式”组—浅色1轮廓，彩色填充—蓝色，强调颜色1。执行幻灯片

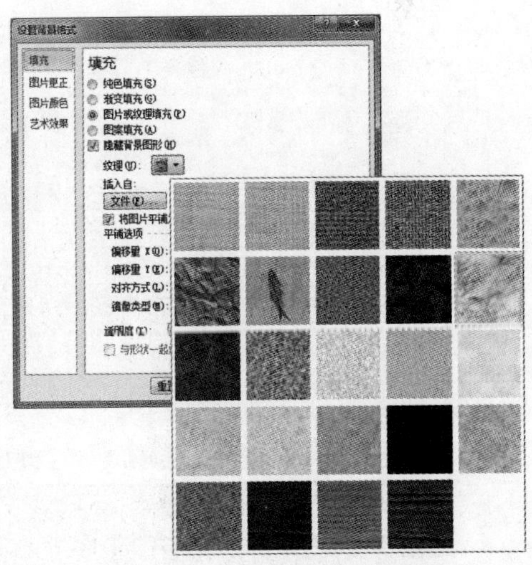

图15-9　设置背景格式

母版－“关闭”组－关闭母版视图。

图 15-10　选择母版的标题占位符

(6)添加幻灯片编号。执行插入－“文本”组－幻灯片编号，勾选“幻灯片编号”，“标题幻灯片中不显示”，“全部应用”。执行视图－“母版视图”组－幻灯片母版，在左窗格选择第一张幻灯片母版，在右窗格选择幻灯片下中部的“(#)”，执行开始－“字体”组，设置字号 14 磅。执行幻灯片母版－“关闭”组－关闭母版视图。

(7)另存文件。执行文件－另存为，打开“另存为”对话框，在该对话框的上部确定保存位置：C 盘，在对话框的下部确定文件名“CH15-02.pptx”，保存类型：PowerPoint 演示文稿。

实验16　PowerPoint 2010 动画效果与超链接

实验目的

(1)掌握演示文稿动画的创建与编辑。

(2)掌握演示文稿超链接的创建与编辑。

(3)掌握演示文稿的放映方法。

(4)掌握演示文稿的打印方法。

任务1　制作动画和超链接效果

任务目的

(1)掌握幻灯片动画效果的设计。

(2)掌握超链接的使用方法。

(3)掌握幻灯片的放映方式。

任务描述

(1)打开"CH15-02.pptx"文件,设置第一张幻灯片的切换方式为"涡流"、"自顶部""单击鼠标时"换片。

(2)设置其余幻灯片的切换方式为"立方体""单击鼠标时"换片。

(3)设置在放映时第一张幻灯片的音乐效果一直持续到放映结束。

(4)设置第三张幻灯片的动画效果。首先,为标题添加动画:"飞入""自左侧""单击时"开始。其次,为文本添加动画:"擦除""自左侧",上一动画后延迟0.5秒开始,动画播放后变为红色。最后,为图片添加动画:"翻转式由远及近""与上一动画同时"开始。

(5)为第二张幻灯片的文本文字设置超链接,分别链接到第三、四、五、六张幻灯片。

(6)为第六张幻灯片左下角的文本框设置超链接,链接到第一张幻灯片。

(7)在第三张至第六张幻灯片的右下角添加"自定义"动作按钮,均链接到第二张幻灯片,在按钮上添加文字"内容提要"。

(8)在第六张幻灯片右下角插入一个“结束”动作按钮，链接到结束放映。

(9)利用排练计时功能，设置幻灯片的自动放映。最终效果如图 16-1 所示。

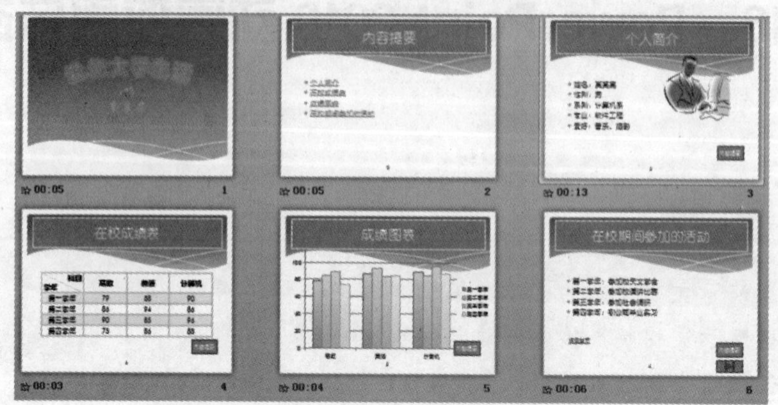

图 16-1 效果图

(10)将文件以“CH16-01.pptx”为名另存到 C 盘。

操作步骤

(1)幻灯片切换。打开“CH15-02.pptx”文件，选中第一张幻灯片，执行切换—“切换到此幻灯片”组—涡流；执行切换—“切换到此幻灯片”组—效果选项—自顶部；在切换—“计时”组，勾选“单击鼠标时”。

(2)幻灯片切换。选中第二张幻灯片，按住 Shift 键，点击最后一张幻灯片，执行切换—“切换到此幻灯片”组—立方体；在切换—“计时”组，勾选“单击鼠标时”。

(3)设置声音效果持续到演示文稿结束。选中第一张幻灯片上的小喇叭图标，在音频工具播放—“音频选项”组，设置开始：跨幻灯片播放，勾选“循环播放，直到停止”。

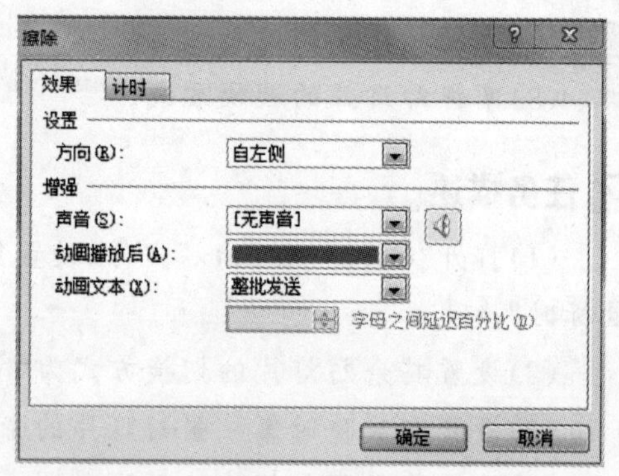

图 16-2 设置动画播放后变为红色

(4)为第三张幻灯片添加动画效果。切换到第三张幻灯片，选中幻灯片标题占位符，执行动画—“动画”组—飞入，执行动画—“动画”组—效果选项—自左侧，在动画—“计时”组，设置开始：单击时。选中文本，执行动画—“动画”组—擦除，执行动画—“动画”组—效果选项—自左侧，在动画—“计时”组，设置开始：上一动画之后，延迟：00.50，执行动画—“高级动画”组—动画窗格，打开“动画窗格”，点击“动画窗格”中的▾，在下拉菜单中选择“效果选项”命令，打开“擦除”对话框，进行如图 16-2 所示的设置。选中图片，执行动画—“动画”组—翻转式由远及近，在动画—“计时”组，设置开始：与上一动画同时。

(5)设置超链接。选中第二张幻灯片上的文本“个人简介”，执行插入—“链接”组—超链接，进行如图 16-3 所示的设置。同样的方法，设置其他文本。

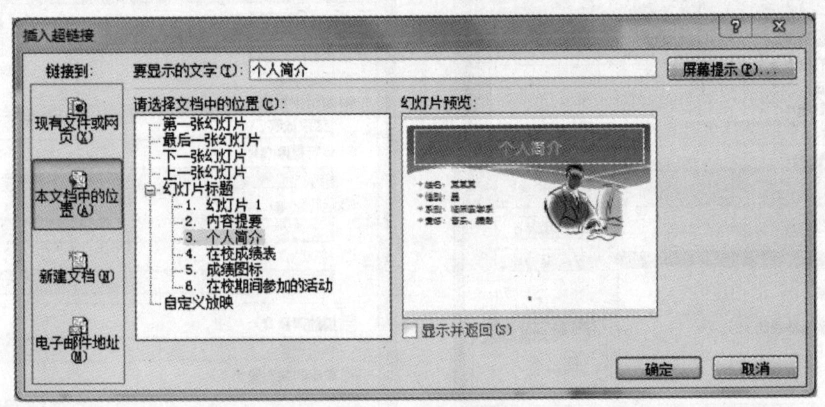

图 16-3　设置超链接

提示：如果要链接到一个网址，则在“插入超链接”对话框中，点击左侧的“现有文件或网页”按钮，在下侧的地址处输入网址即可。如果要链接到一个文件，也点击左侧的“现有文件或网页”按钮，确定“查找范围”，在列表框中找到文件。如要链接到一个电子邮件地址，则点击左侧的“电子邮件地址”按钮，在“电子邮件地址”处输入电子邮件地址即可。

(6)为文本框设置超链接。选中第六张幻灯片左下角的文本框，执行插入—“链接”组—超链接，链接到第一张幻灯片。

(7)添加“自定义”动作按钮。切换到第三张幻灯片，执行插入—“插图”组—形状—动作按钮：自定义，在幻灯片的右下角画一个动作按钮。弹出“动作设置”对话框，进行如图16-4所示的设置。选中该动作按钮，右击，选择“编辑文字”命令，输入“内容提要”。复制该按钮，分别粘贴到第四、五、六张即可。

(8)制作“结束”按钮。切换到第六张幻灯片，执行插入—“插图”组—形状—动作按钮：结束，在幻灯片的右下角画一个动作按钮。弹出“动作设置”对话框，进行如图 16-5 所示的设置。

(9)设置排练计时。执行幻灯片放映—“设置”组—排练计时，从第一张幻灯片开始放映，在幻灯片左上角有 工具栏，根据需要手动控制放映，每张幻灯片的播放时间会被记录下来。放映到最后一张幻灯片后，系统询问是否保留新的幻灯片排练时间，单击“是”，返回到幻灯片浏览视图，每张幻灯片左下角都会显示刚才“排练”时记录的时间。执行幻灯片放映—“开始放映幻灯片”组—从头开始，就进入了幻灯片自动放映状态。

(10)另存文件。执行文件—另存为，打开“另存为”对话框，在该对话框的上部确定保存位置：C 盘，在对话框的下部确定文件名“CH16-01.pptx”，保存类型：PowerPoint 演示文稿。

图 16-4　超链接到第二张幻灯片

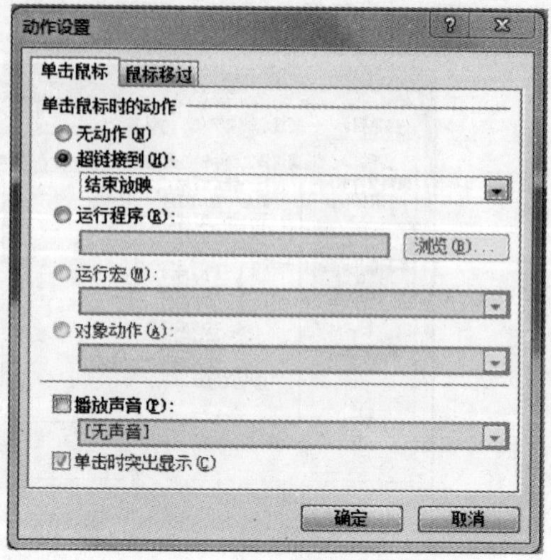

图 16-5　超链接到结束放映

任务 2　打印演示文稿

任务目的

了解打印演示文稿的方法。

任务描述

将“CH16-01.pptx”以讲义形式打印。

操作步骤

(1)打印演示文稿。打开“CH16-01.pptx”,执行文件—打印—整页幻灯片—6 张水平放置的幻灯片—打印。

实验 17 PowerPoint 2010 综合练习

实验目的

(1)巩固演示文稿的编辑、修饰等操作。

(2)巩固演示文稿的动画制作和超链接设置。

任务描述

(1)新建演示文稿,第一张幻灯片为标题幻灯片,标题为"可爱的孩子们",副标题为"经典造句"。

(2)在第一张幻灯片后插入一张新幻灯片,版式为"标题和内容",标题为"目录",文本为图 17-1 所示的 5 个"题目"。

1.题目:陆陆续续
小朋友:下班了,爸爸陆陆续续的回家了。
老师批语:你到底有几个爸爸?
2.题目:又 又
小朋友:我的妈妈又矮又高又胖又瘦。
老师批语:你的妈妈是变形金刚?
3.题目:你看
小朋友:你看什么看!没看过啊?
老师批语:不要太拽了。
4.题目:欣欣向荣
小朋友:欣欣向荣荣告白。
老师批语:连续剧不要看太多!
5.题目:况且
小朋友:一列火车经过,况且况且况且况且……
老师批语:我死了算了!

图 17-1 原始文字

(3)再插入 5 张新的幻灯片,幻灯片版式自由设定,以美观为主,题目作为各幻灯片的标题,对话作为幻灯片的文本。

(4)在演示文稿最后添加一张"空白"版式的幻灯片,插入艺术字"谢 谢 欣 赏",格式自定。插入文本框,输入"更多内容请访问孩子们的主页或联系我们!"。

(5)应用主题。

(6)更改幻灯片的背景。

(7)设置各幻灯片切换方式。

(8)对第二张幻灯片的5个题目做超链接。链接到第3—7张幻灯片。

(9)在第3—7张幻灯片插入动作按钮：开始，均链接到第二张幻灯片。

(10)在最后一张幻灯片插入“第一张”动作按钮。

(11)将最后一张幻灯片中“孩子们的主页”链接到 www.sohu.com，“联系我们”链接到 abc@163.com。

(12)为最后一张幻灯片上的艺术字“谢谢欣赏”和文本框设置动画。

(13)添加页脚。

(14)美化演示文稿。自行设计幻灯片的效果，如更改字号、添加图片等，也可通过更改母版实现。参考效果如图17-2所示。

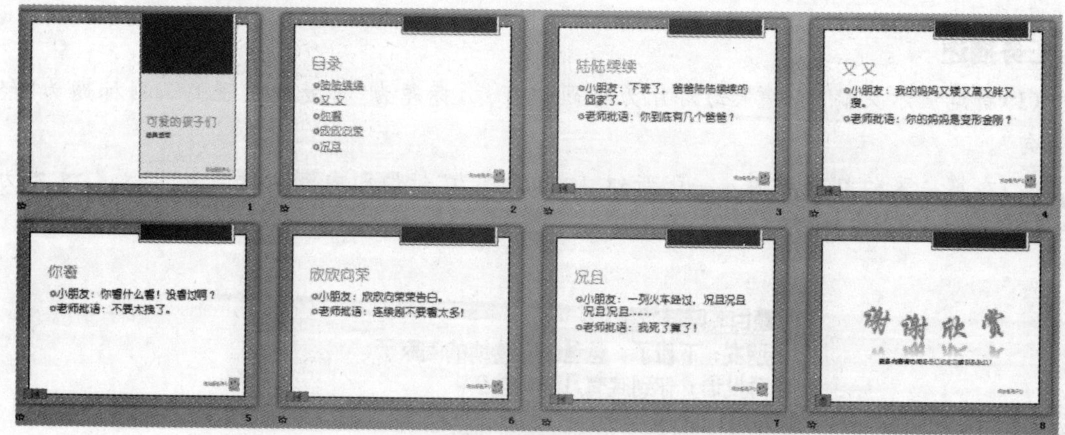

图17-2 效果图

(15)将文件以“CH17—01.pptx”为名保存到E盘。

操作步骤

简要步骤不再赘述。

(1)添加“空白”版式幻灯片。执行开始—“幻灯片”组—新建幻灯片—空白。

提示：如果要将已经插入的幻灯片更改为“空白”版式，则选中已插入的幻灯片，执行开始—“幻灯片”组—幻灯片版式—空白。

(2)主题的应用。参考效果使用的主题是“奥斯汀”。执行设计—“主题”组—奥斯汀。

(3)更改背景。执行设计—“背景”组—背景样式—设置背景格式，打开“设置背景格式”对话框，进行如图17-3所示的设置，点击“全部应用”按钮。

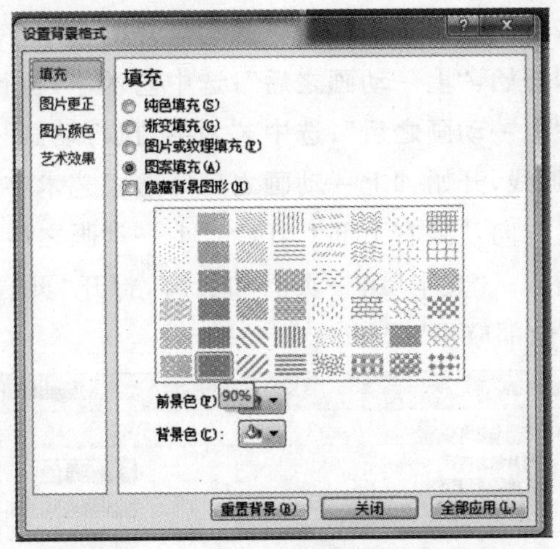

图 17-3　设置背景

(4)设置幻灯片切换方式。选中幻灯片，在切换—“切换到此幻灯片”组，为各张幻灯片设置切换方式。

(5)设置超链接。在最后一张幻灯片，选中“孩子们的主页”，执行插入—“链接”组—超链接，打开“插入超链接”对话框，进行如图 17-4 所示的设置。选中“联系我们”，打开“编辑超链接”对话框，进行如图 17-5 所示的设置。

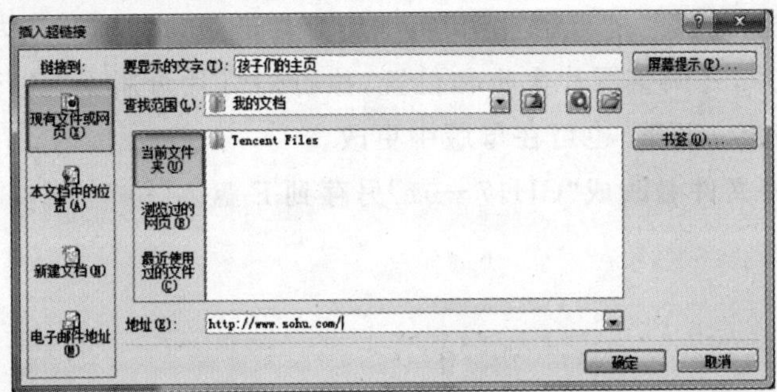

图 17-4　设置链接到网址

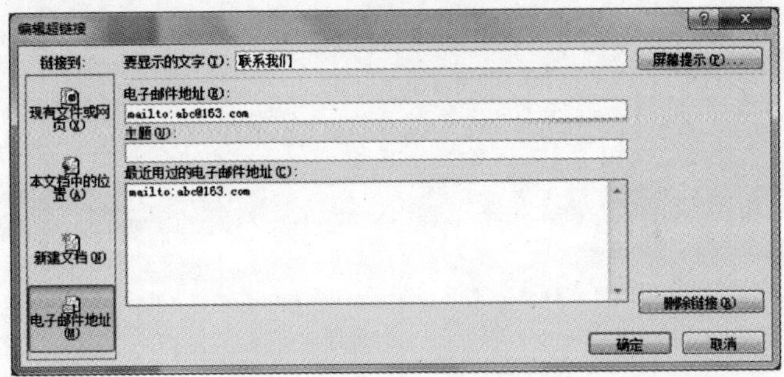

图 17-5　软键盘选择菜单

(6)为同一对象设置多个动画。选中最后一张幻灯片的艺术字，执行动画—“动画”组—飞入，设置方向：“自左侧”，开始：“上一动画之后”；选中艺术字，执行动画—“高级动画”组—添加动画—陀螺旋，开始：“上一动画之后”；选中艺术字，执行动画—“高级动画”组—添加动画—其他动作路径—向上弧线，开始：“上一动画之后”；选中艺术字，执行动画—“高级动画”组—添加动画—飞出，设置方向：“到右上部”，开始：“上一动画之后”，持续时间：“01.00”。

(7)添加页脚。执行插入—“文本”组—页眉和页脚，打开“页眉和页脚”对话框，进行如图 17-6 所示的设置，点击“全部应用”按钮。

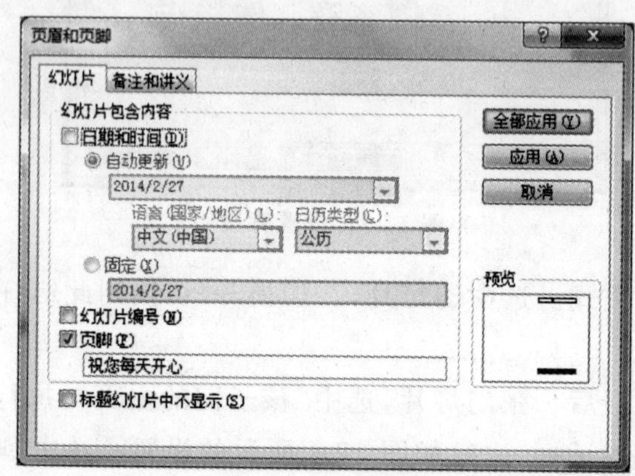

图 17-6　设置页脚

(8)更改母版。执行视图—“母版视图”组—幻灯片母版，在“标题和内容 版式 由幻灯片 2—7 使用”中插入图片，并调整图片大小和位置，执行幻灯片母版—“关闭”组—关闭母版视图。文字的大小如需统一调整，也可在母版中更改。

(9)保存文件。将文件名改成“CH17—01”另存到 E 盘。

实验 18　Internet 应用

实验目的

(1)掌握 Internet Explorer (以下简称 IE)浏览器的基本使用方法。

(2)掌握在网络上使用搜索引擎搜索并下载文件的方法。

(3)掌握收发电子邮件的方法。

(4)掌握资源共享的设置方法以及资源共享的使用方法。

任务 1　Internet 操作

任务目的

(1)掌握 IE 浏览器的基本操作。

(2)掌握使用搜索引擎搜索并下载文件的方法。

任务描述

(1)启动 IE 浏览器。

(2)将 www.sohu.com 设置为 IE 浏览器的主页,并重新启动 IE 进行观察。

(3)将当前打开的网页 www.qq.com 设置为 IE 浏览器的主页,并重新启动 IE 进行观察。

(4)将微软公司网站网页设置为 IE 浏览器的主页。

(5)打开“中国教育和科研计算机网 CERNET”(网址 www.edu.cn),将其添加到收藏夹“教育”,并命名为“中国教育和科研”。

(6)打开“网易”主页(网址 www.163.com),浏览“新闻”页面内容。

(7)进入“洪恩教育”网站(网址 www.hongen.com),将其主页信息以文件名“洪恩在线.htm”保存到 E 盘。

(8)打开百度中文搜索引擎(网址 www.baidu.com),将该网页的标志性图片以文件名“百度图片.gif”保存到 E 盘。

(9)利用百度搜索引擎，搜索与“2014 索契冬奥会”有关的网页，并查看搜索到的第一个网页的内容。

(10)利用百度搜索引擎，搜索“腾讯 qq”软件，下载官方版本，以文件名“qq 软件”保存到 E 盘。

(11)利用百度搜索引擎，搜索并试听“隐形的翅膀.mp3”。

(12)利用百度搜索引擎，搜索与“伦敦奥运”有关的图片。

(13)利用百度搜索引擎，查看“北京”地图。

操作步骤

(1)启动 IE 浏览器。在桌面上双击 IE 图标，或单击“快速启动”栏中 IE 图标，都可启动 IE，打开 IE 窗口，窗口中显示的是默认的浏览器主页。

(2)设置浏览器主页。执行“工具—Internet 选项”命令，打开“Internet 选项”对话框，在“常规”选项卡，输入地址：www.sohu.com，如图 18-1 所示，“应用”，“确定”。再次启动 IE，发现此时默认打开的已经是 www.sohu.com 网站的网页。

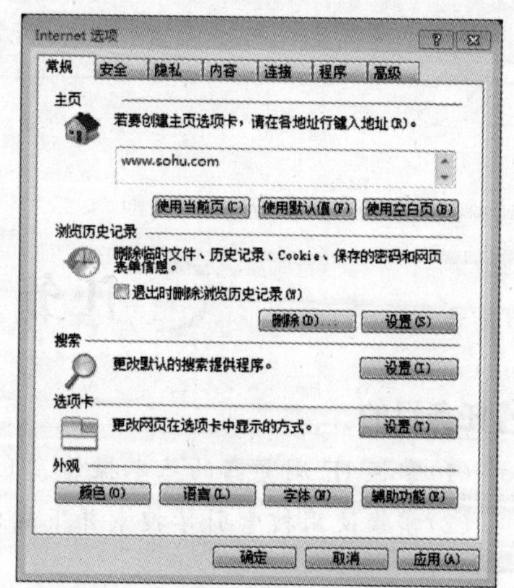

图 18-1　更改主页

(3)设置浏览器主页。启动 IE，在地址栏输入 www.qq.com，按回车键，打开腾讯首页。执行工具—“Internet 选项”命令，打开“Internet 选项”对话框，在“常规”选项卡，点击“使用当前页”按钮，“应用”，“确定”。再次启动 IE，发现此时默认打开的已经是 www.qq.com 网站的网页。

(4)设置浏览器主页。启动 IE，执行工具—“Internet 选项”命令，打开“Internet 选项”对话框，在“常规”选项卡，点击“使用默认页”按钮，“应用”，“确定”，即设定微软公司网站网页为 IE 浏览器主页。

提示：在图 18-1 所示的窗口，点击“使用空白页”按钮，“应用”，“确定”，则每次启动 IE 时，不会打开任何网站的网页。

(5)添加网页到收藏夹。启动 IE，在地址栏输入 www.edu.cn，回车，打开中国教育和科研计算机网 CERNET。执行收藏—“添加到收藏夹”命令，打开“添加收藏”对话框，点击新建—“文件夹”按钮，在弹出的“新建文件夹”对话框，输入文件夹名：教育，如图 18-2 所示，点击“确定”按钮。返回到“添加到收藏夹”对话框，输入名称：中国教育和科研，点击“确定”按钮。

(6)浏览网页。启动 IE，在地址栏输入 www.163.com，按回车键，进入网易，在页面上点击“新闻”超链接，打开“网易新闻”网页，浏览该网页内容。

(7)保存网页。启动IE,在地址栏输入www.hongen.com,按回车键,进入洪恩教育网站。执行文件—“另存为”命令,打开“另存为”对话框,确定保存位置:E盘,文件名“洪恩在线”,保存类型:网页,全部。

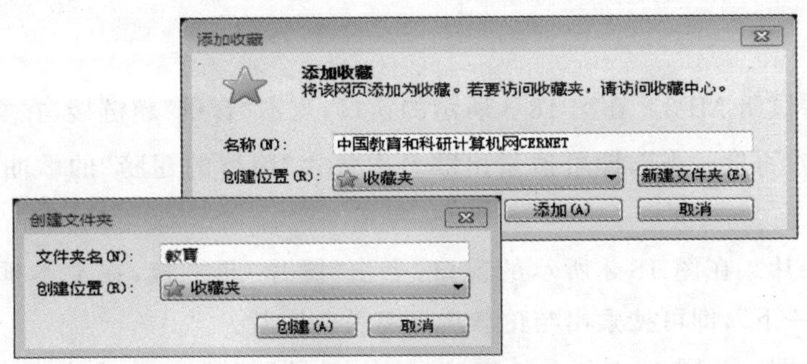

图18-2　新建收藏夹

提示:有时仅需要保存当前网页的文字,则打开网页,执行文件—“另存为”命令,在打开的“另存为”对话框,确定保存位置和文件名,保存类型选择“文本文件”即可。有时仅需要保存当前网页的部分文字,则打开网页,按住鼠标键拖动,选中需要保存的文字,右击,选择“复制”命令,“粘贴”到目标位置即可。

(8)保存网页上的图片。启动IE,在地址栏输入www.baidu.com,打开百度搜索引擎,鼠标指向需要保存的图片,右击,选择“图片另存为”命令,打开“保存图片”对话框,确定保存在:E盘,文件名“百度图片”,保存类型:GIF。

(9)搜索并浏览网页。在百度搜索引擎窗口的文本框中输入“2014索契冬奥会”,如图18-3所示,点击“百度一下”,在搜索到的页面中点击第一个超链接,浏览该网页。

图18-3　百度搜索引擎

(10)搜索并下载。在百度搜索引擎窗口的文本框中输入“腾讯qq”,点击“百度一下”,在搜索到的页面中点击“立即下载”按钮,弹出如图18-4所示的对话框,点击“保存”后的下拉按钮,打开“另存为”对话框,确定保存在:E盘,文件名“qq软件”,保存类型:应用程序。

图 18-4　文件下载

(11)搜索并试听 MP3。在图 18-3 所示的窗口，点击“音乐”超链接，在文本框中输入“隐形的翅膀”，点击“百度一下”，即可搜索出歌名中包含“隐形的翅膀”的歌曲，点击“试听”▶按钮即可。

(12)搜索图片。在图 18-3 所示的窗口，点击“图片”超链接，在文本框中输入“伦敦奥运”，点击“百度一下”，即可搜索出与伦敦奥运有关的图片。

(13)搜索地图。在图 18-3 所示的窗口，点击“地图”超链接，在文本框中输入“北京”，点击“百度一下”，即可搜索出北京地图。

任务 2　收发电子邮件

任务目的

(1)掌握在网络中申请免费邮箱的方法。

(2)掌握 Outlook Express 软件的使用。

任务描述

(1)在网易上申请免费邮箱，用户名、密码自定。

(2)在 Outlook 2010 中设置(1)中申请的免费邮箱的帐号，通过 Outlook 使用免费邮箱。

(3)接收邮件。

(4)保存邮件及附件。将最新收到的邮件以文件名“邮件.eml”保存到 E 盘。如果该邮件含有附件，则保存该附件到 E 盘。

(5)回复该邮件。

(6)转发该邮件给自己的一位同学。

(7)删除该邮件。

(8)发送邮件。给自己的一位同学发送一封邮件，邮件中带有音乐文件的附件。

操作步骤

(1)在网易申请免费邮箱。启动 IE，在地址栏输入“email.163.com”，按回车键，点击“立即注册”超链接。打开如图 18-5 所示的窗口，在其中输入邮件地址(也叫用户名)、密码、确认密码、验证码等信息，勾选同意“服务条款”和“隐私权保护和个人信息利用政策”前的复选框，点击“立即注册”按钮，即成功申请网易的免费邮箱。免费邮箱地址为注册时的邮件地址（也叫用户名）@163.com。

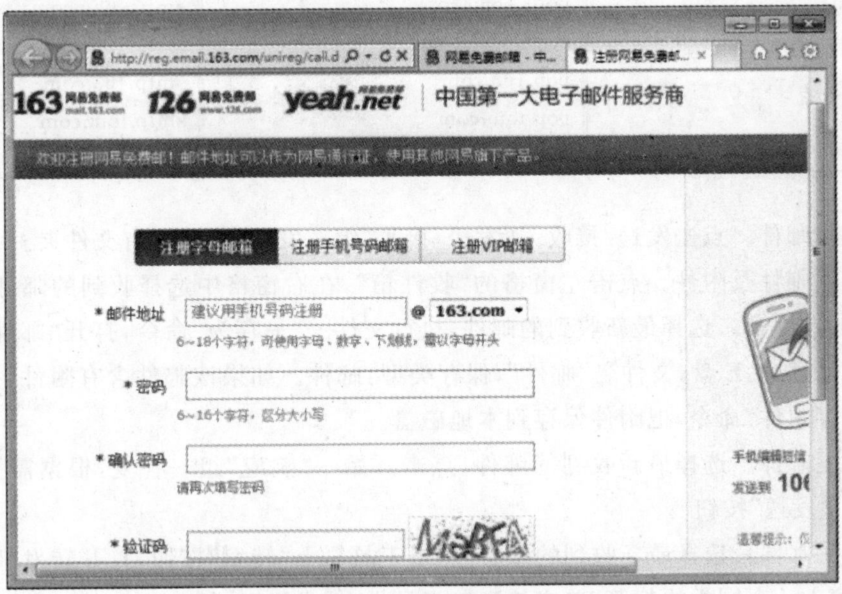

图 18-5 注册邮箱

提示：也可在其他提供免费邮箱服务的网站申请免费邮箱。

(2)在 Outlook 2010 中设置邮件帐户。点击“文件”菜单的“信息”，然后点击“账户信息”选项，点击“账户设置”，点击“电子邮件”，点击“新建”，如图 18-6 所示，根据提示，输入用户名、密码，Outlook 2010 会自动配置服务器。表 18-1 给出了常用免费邮箱服务器设置。

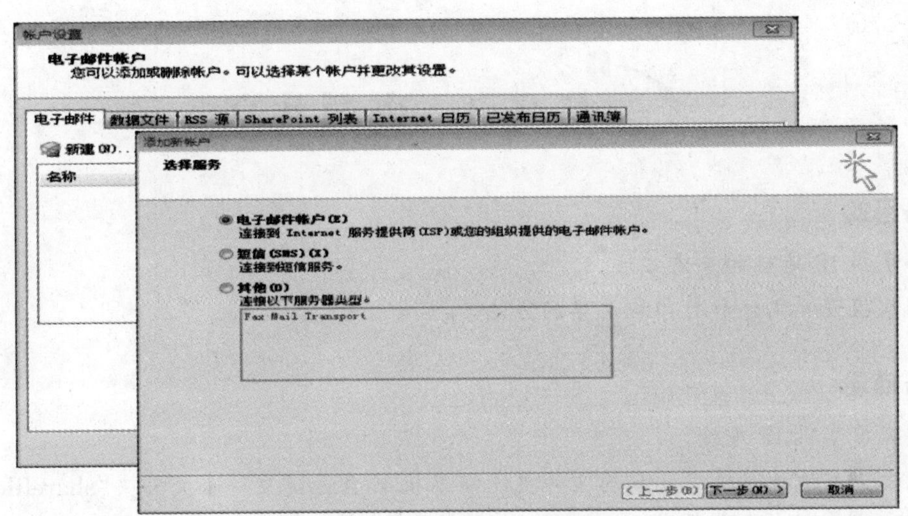

图 18-6 新建电子邮件帐户

表 18-1 常用免费邮箱服务器设置

邮箱服务器	POP3 地址	SMTP 地址
@sina.com	pop3.sina.com.cn	smtp.sina.com.cn
@sohu.com	pop3.sohu.com	smtp.sohu.com
@126.com	pop3.126.com	smtp.126.com
@163.com	pop.163.com	smtp.163.com
@tom.com	pop.tom.com	smtp.tom.com
@21cn.com	pop.21cn.com	smtp.21cn.com

(3)接收邮件。点击发送/接收—“发送/接收”组—发送/接收所有文件夹。

(4)保存邮件及附件。点击左窗格的“收件箱”,在右窗格中选择收到的邮件,在窗口下方会显示邮件内容。选择最新收到的邮件,执行文件—“另存为”命令,打开“邮件另存为”对话框,确定保存在:E 盘,文件名“邮件”,保存类型:邮件。如果该邮件含有附件,可通过执行文件—“保存附件”命令,把附件保存到本地磁盘。

(5)回复邮件。选择最新收到的邮件,点击开始—“响应”组—答复,根据需要输入回复内容,单击 “发送”按钮。

(6)转发邮件。选择最新收到的邮件,点击工具栏上“转发”按钮,打开转发邮件窗口,在收件人处输入一个同学的邮箱,单击该窗口工具栏上“发送”按钮。

(7)删除邮件。选择最新收到的邮件,点击开始—“删除”组—删除。

(8)发送邮件。点击开始—“新建”组—新建电子邮件,打开“新邮件”窗口,在收件人处输入一个同学的邮箱,在主题处输入邮件的主题,执行插入—“添加”组—添加文件,打开“插入文件”对话框,找到一个音乐文件作为附件,点击 “发送”按钮。

任务3 资源共享

任务目的

(1)掌握 IP 地址的查看方法。

(2)掌握设置文件和打印机共享的方法。

任务描述

(1)查看本机 IP 地址。

(2)设置本地计算机可共享的文件夹。在本机 E 盘上建立一个文件夹“sharefiles”,选择几个文件和文件夹复制到其中,将这个文件夹设置为共享,并且共享的权限为只能读不能写。

(3)共享局域网中的打印机。

(4)查看工作组计算机。

操作步骤

(1)查看本机 IP 地址。在桌面上,右击"网络",选择"属性"命令,打开"网络和共享中心"窗口,点击"本地连接",在"本地连接 状态"对话框中选择"属性"命令,打开如图 18-7 所示的属性对话框,选择"Internet 协议版本 4(TCP/IPv4)",点击"属性"按钮,打开"Internet 协议版本 4(TCP/IPv4)属性"对话框,即可查看本机 IP 地址,如图 18-8 所示。

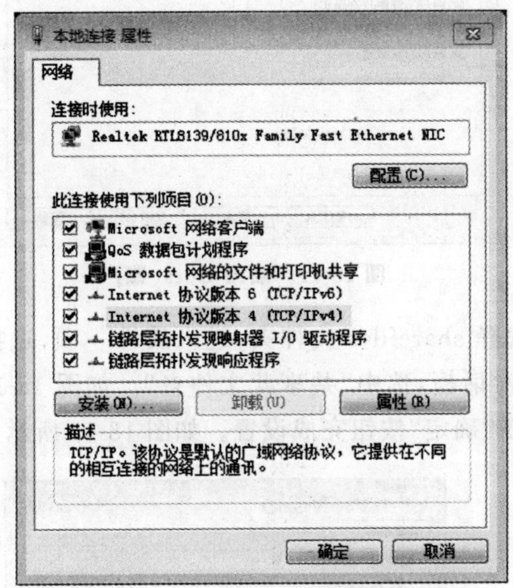

图 18-7 "本地连接 属性"对话框

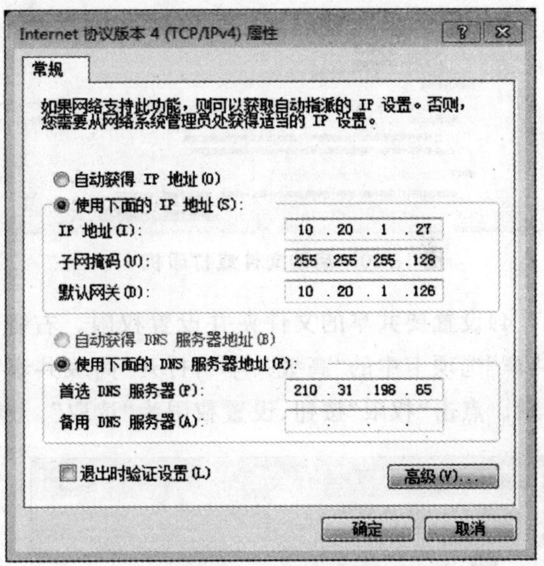

图 18-8 IP 地址窗口

(2)设置本地计算机可共享的文件夹。

1)享受共享服务的计算机必须在同一个工作组或家庭组中。打开"开始"菜单中的计算机,右击"属性"选项,在"计算机名称、域和工作组设置"中选择"更改设置",在"系统属性"对话框中选择更改,接下来找到工作组一项,把需要共享的计算机都改成同样的工作组即可,默认为 WORKGROUP。如图 18-9 所示。

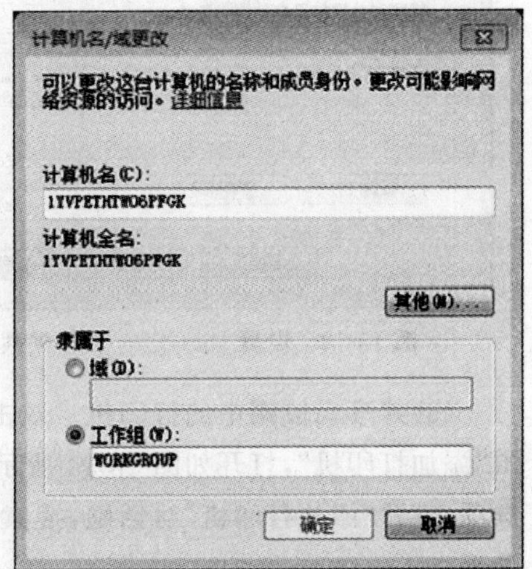

图 18-9 设置计算机工作组

2)启动文件或打印机共享。单击桌面上控制面板—网络和 Internet—网络和共享中心,选择导航栏中的"更改高级共享设置",把"启动网络发现""启动文件和打印机共享""关闭密码保护共享"这 3 项选中并保存。如图 18-10 所示。

3）开启来宾用户。右键单击“开始”菜单中的计算机，选择管理，在“本地用户和组”里，双击 Guest，在来宾用户属性中把“账户已禁用”一项去掉并保存。如图 18-11 所示。

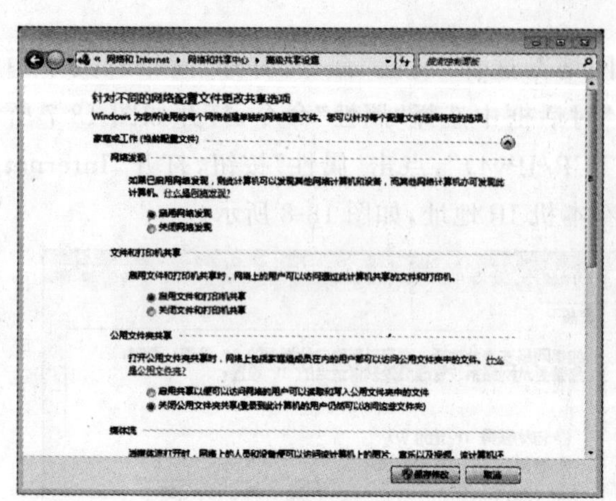

图 18-10　启动文件或打印机

Guest 属性
Guest
全名(F):
描述(D): 供来宾访问计算机或访问域的内置帐户
用户下次登录时须更改密码(M)
用户不能更改密码(C)
密码永不过期(P)
帐户已禁用(B)
帐户已锁定(O)
确定　取消　应用(A)　帮助

图 18-11　启用 Guest 账户

4）设置要共享的文件夹并设置权限。右键选择 sharefiles 文件夹，进入属性一项，选择“共享”选项卡中的“高级共享”，打开“高级共享”对话框，选中“共享此文件夹”。如图 18-12 所示。点击“权限”按钮，设置权限为“读取”。点击“确定”按钮完成设置。如图 18-13 所示。

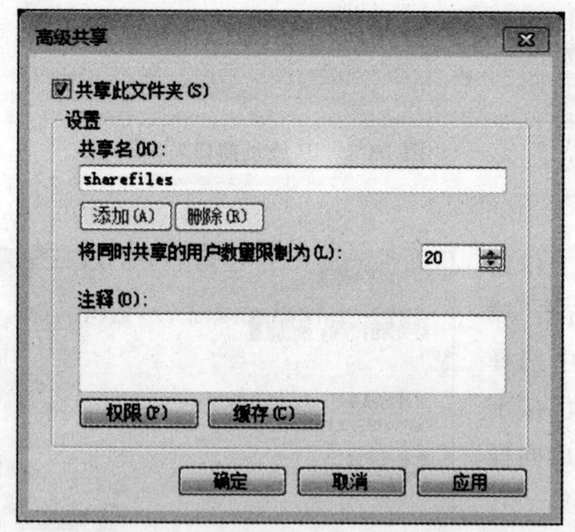

图 18-12　设置 sharefiles 文件夹共享

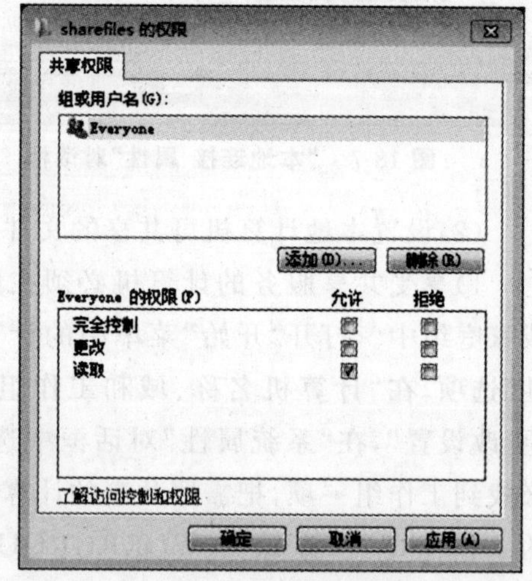

图 18-13　设置共享权限

（3）共享局域网中的打印机。双击在桌面上的“网络”图标，在“网络”窗口的工具栏中点击“添加打印机”，打开如图 18-14 所示的对话框，选择“添加网络、无线或 Bluetooth 打印机”选项，打开“添加打印机”对话框，搜索网络中可用的打印机，点击下一步完成共享打印机的设置。

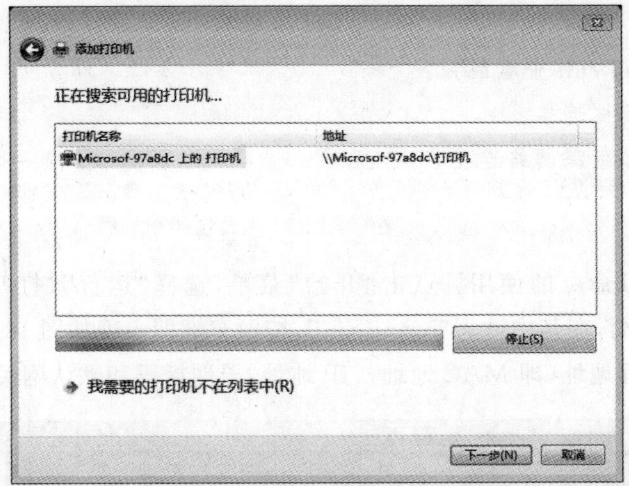

图 18-14　搜索局域网中打印机

(4)查看工作组计算机。双击在桌面上的“网络”图标，在“网络”窗口中即可显示该工作组的计算机，如图 18-15 所示，双击需要访问的那一台，则该计算机上所有设置了共享的资源将全部显示出来，可把这些资源下载到本地计算机。

图 18-15　查看网络中的计算机

任务 4　常用网络命令的使用

任务目的

掌握使用网络命令，并了解其参数的含义。

任务描述

(1)使用 ipconfig /all 查看配置。

(2)使用 ping 测试连接。

(3)使用 tracert 跟踪网络连接。

操作步骤

(1)ipconfig /all 命令的使用。点击“开始”菜单，选择“运行”，打开运行对话框，输入 CMD，进入 DOS 界面，在其中输入 ipconfig/all，按回车键即出现如图 18-16 所示窗口。从中可以查看本机的物理地址(即 MAC 地址)、IP 地址、子网掩码和默认网关等配置。

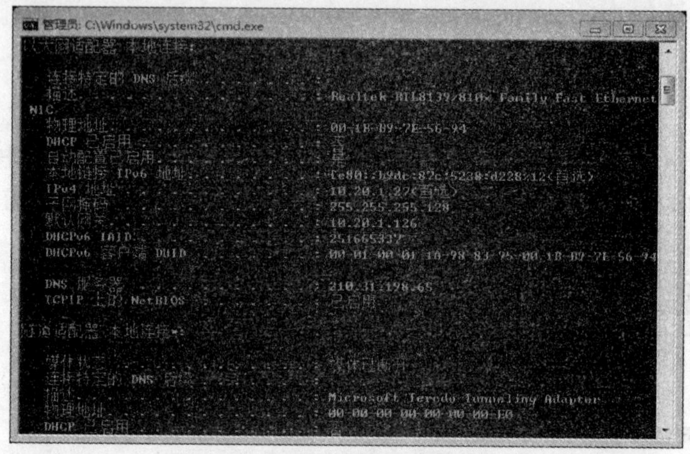

图 18-16　查看本机配置

(2)ping 命令的使用。在 DOS 界面中输入以下命令并观察返回结果。

1)ping 本机的 IP 地址，即 ping 10.20.1.27，查看网络连接情况。如图 18-17 所示。

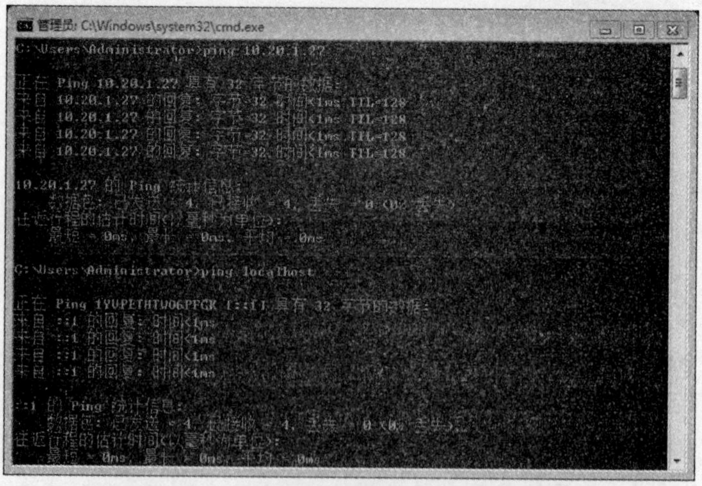

图 18-17　DOC 中查看本机网络连接和系统测试

2)ping localhost,相当于 ping 127.0.0.1,是测试系统是否安装了 TCP/IP 协议栈的,ping 通了的话就是你的网络设置是正确的。如图 18-17 所示。

3)ping 相邻计算机的 IP 地址,查看其他计算机网络连接情况。

4)ping 一个网站的域名(如 www.taobao.com),测试网速和网络连通情况。如图 18-18 所示。

图 18-18 测试网速和网络是否连通

5)ping 本机的默认网关。测试本机与路由器连接是否正常。

(3)tracert 命令的使用。Tracert 命令可以跟踪并显示从本机到达目标主机所经历的路由,即从本机访问目标计算机时,数据通过哪一些中间节点进行了转发。执行以下命令并观察分析返回结果。

1)tracert 本机的默认网关。在 DOS 界面中输入 tracert 10.20.1.126 命令后回车键,显示跟踪 10.20.1.126 网关所经过的路由节点。如图 18-19 所示。

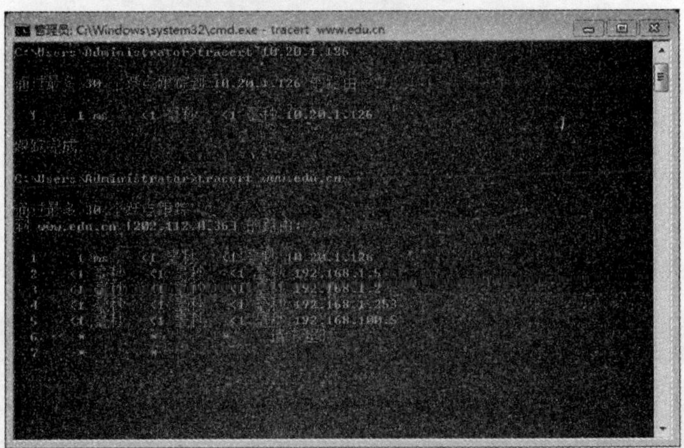

图 18-19 tracert 命令

2)tracert www.edu.cn。在 DOS 界面中输入 tracert www.edu.cn 命令后按回车键,显示跟踪 www.edu.cn 网站所经过的路由节点。如图 18-19 所示。

第二篇 基础练习题

项目1 计算机基础概述

1.下列关于世界上第一台电子计算机ENIAC的叙述中,不正确的是( )。

A.ENIAC是1946年在美国诞生的

B.它主要采用电子管和继电器

C.它首次采用存储程序和程序控制使计算机自动工作

D.它主要用于弹道计算

2.世界上第一台电子计算机产生于( )。

A.宾夕法尼亚大学　　B.麻省理工学院

C.哈佛大学　　D.加州大学洛杉矶分校

3.第2代计算机采用( )作为其基本逻辑部件。

A.磁芯　　B.微芯片

C.半导体存储器　　D.晶体管

4.第3代计算机采用( )作为主存储器。

A.磁芯　　B.微芯片

C.半导体存储器　　D.晶体管

5.大规模和超大规模集成电路是第( )代计算机所主要使用的逻辑元器件。

A.1　　B.2　　C.3　　D.4

6.在计算机的众多特点中,其最主要的特点是( )。

A.计算速度快　　B.存储程序与自动控制

C.应用广泛　　D.计算精度高

7.计算机辅助设计的英文缩写是( )。

A.CAD　　B.CAM　　C.CAE　　D.CAI

8.计算机中,用来表示存储容量大小的最基本单位是( )。

A.位　　B.字节　　C.千字节　　D.兆字节

9.在计算机中,一个字节是由( )位二进制码表示的。

A.4　　B.2　　C.8　　D.16

10.1GB等于( )。

A.1024B　　B.1024KB　　C.1024MB　　D.1024bit

11.计算机按其性能可以分为5大类,即巨型机、大型机、小型机、微型机和( )。

A.工作站　　B.超小型机

C.网络机　　D.以上都不是

12.1983 年,我国第一台亿次巨型电子计算机诞生了,它的名称是(　　)。

A.东方红　　B.神威　　C.曙光　　D.银河

13.把十进制数 127 转换为二进制数是(　　)。

A.10000000　　B.01111111　　C.11111111　　D.11111110

14.将二进制数 01000111 转换为十进制数是(　　)。

A.57　　B.69　　C.71　　D.67

15.存储一个国标码需要(　　)字节。

A.1　　B.2　　C.3　　D.4

16.在 ASCII 码表中,按照 ASCII 码值从小到大的排列顺序是(　　)。

A.数字、英文大写字母、英文小写字母

B.数字、英文小写字母、英文大写字母

C.英文大写字母、英文小写字母、数字

D.英文小写字母、英文大写字母、数字

17.根据计算机使用的电信号来分类,电子计算机分为数字计算机和模拟计算机,其中,数字计算机是以(　　)为处理对象。

A.字符数字量　　B.物理量

C.数字量　　D.数字、字符和物理量

18.第一台电子计算机 ENIAC 每秒钟运算速度为(　　)。

A.5000 次　　B.5 亿次　　C.50 万次　　D.5 万次

19.电气与电子工程师协会(IEEE)将计算机划分为(　　)类。

A.3　　B.4　　C.5　　D.6

20.计算机中的指令和数据采用(　　)存储。

A.十进制　　B.八进制　　C.二进制　　D.十六进制

21.第 2 代计算机的内存储器为(　　)。

A.水银延迟线或电子射线管　　B.磁芯存储器

C.半导体存储器　　D.高集成度的半导体存储器

22.第 3 代计算机的运算速度为每秒(　　)。

A.数千次至几万次　　B.几百万次至几万亿次

C.几十次至几百万　　D.百万次至几百万次

23.第 4 代计算机不具有的特点是(　　)。

A.编程使用面向对象程序设计语言

B.发展计算机网络

C.内存储器采用集成度越来越高的半导体存储器

D.使用中小规模集成电路

24.大规模和超大规模集成电路是第(　　)代计算机所主要使用的逻辑元器件。

A.1　　B.2　　C.3　　D.4

25.我国计算机的研究始于(　　)。

A.20 世纪 50 年代　　B.21 世纪 50 年代

C.18 世纪 50 年代　　D.19 世纪 50 年代

26.我国研制的第一台计算机用(　　)命名。

A.联想　　B.奔腾　　C.银河　　D.方正

27.服务器(　　)。

A.不是计算机　　B.是为个人服务的计算机

C.是为多用户服务的计算机　　D.是便携式计算机的别名

28.对于嵌入式计算机说法正确的是(　　)。

A.用户可以随意修改其程序

B.冰箱中的微电脑是嵌入式计算机的应用

C.嵌入式计算机属于通用计算机

D.嵌入式计算机只能用于控制设备中

29.(　　)赋予计算机综合处理声音、图像、动画、文字、视频和音频信号的功能，是 20 世纪 90 年代计算机的时代特征。

A.计算机网络技术　　B.虚拟现实技术

C.多媒体技术　　D.面向对象技术

30.计算机被分为:大型机、中型机、小型机、微型机等类型，是根据计算机的(　　)来划分的。

A.运算速度　　B.体积大小　　C.重量　　D.耗电量

31.下列说法正确的是(　　)。

A.第 3 代计算机采用电子管作为逻辑开关元件

B.1958～1964 年间生产的计算机被称为第二代产品

C.现在的计算机采用晶体管作为逻辑开关元件

D.计算机将取代人脑

32.(　　)是计算机最原始的应用领域，也是计算机最重要的应用之一。

A.数值计算　　B.过程控制　　C.信息处理　　D.计算机辅助设计

33.某单位自行开发的工资管理系统，按计算机应用的类型划分，它属于(　　)。

A.科学计算　　B.辅助设计　　C.数据处理　　D.实时控制

34.计算机最广泛的应用领域是(　　)。

A.数值计算　　B.数据处理　　C.程控制　　D.人工智能

35.下列各项中，有误的一项是(　　)。

A.以科学技术领域中的问题为主的数值计算称为科学计算

B.计算机应用可分为数值应用和非数值应用两类

C.计算机各部件之间有两股信息流,即数据流和控制流

D.对信息(即各种形式的数据)进行收集、储存、加工与传输等一系列活动的总称为实时控制

36.金卡工程是我国正在建设的一项重大计算机应用工程项目,它属于的应用类型( )。

A.科学计算　　B.数据处理

C.实时控制　　D.计算机辅助设计

37.CAI的中文含义是( )。

A.计算机辅助设计　　B.计算机辅助制造

C.计算机辅助工程　　D.计算机辅助教学

38.目前计算机逻辑器件主要使用( )。

A.磁芯　　B.磁鼓

C.磁盘　　D.大规模集成电路

39.计算机应用经历了三个主要阶段,这三个阶段是超、大、中、小型计算机阶段,微型计算机阶段和( )。

A.智能计算机阶段　　B.掌上电脑阶段

C.因特网阶段　　D.计算机网络阶段

40.当前计算机正朝两极方向发展,即( )。

A.专用机和通用机　　B.微型机和巨型机

C.模拟机和数字机　　D.个人机和工作站

41.未来计算机发展的总趋势是( )。

A.微型化　　B.巨型化　　C.智能化　　D.数字化

42.下列不属于信息的基本属性是( )。

A.隐藏性　　B.共享性　　C.传输性　　D.可压缩性

43.任何进位计数制都有的两要素是( )。

A.整数和小数　　B.定点数和浮点数

C.数码的个数和进位基数　　D.阶码和尾码

44.计算机中的数据是指( )。

A.数学中的实数

B.数学中的整数

C.字符

D.一组可以记录、可以识别的记号或符号

45.在计算机内部,一切信息的存取、处理和传送的形式是( )。

A.ASCⅡ码　　B.BCD码　　C.二进制　　D.十六进制

46.信息处理包括( )。

A.数据采集　　B.数据传输

C.数据检索　　D.上述 3 项内容

47.数制是(　　)。

A.数据　　B.表示数目的方法

C.数值　　D.信息

48.如果一个存储单元能存放一个字节，那么一个 32KB 的存储器共有(　　)个存储单元。

A.32000　　B.32768　　C.32767　　D.65536

49.十进制数 0.6531 转换为二进制数为(　　)。

A.0.100101　　B.0.100001　　C.0.101001　　D.0.011001

50.计算机中的逻辑运算一般用(　　)表示逻辑真。

A.yes　　B.1　　C.0　　D.n

51.执行逻辑“或”运算 01010100∨10010011，其运算结果是(　　)。

A.00010000　　B.11010111　　C.11100111　　D.11000111

52.执行逻辑“非”运算 10110101，其运算结果是(　　)。

A.01001110　　B.01001010　　C.10101010　　D.01010101

53.执行逻辑“与”运算 10101110∧10110001，其运算结果是(　　)。

A.01011111　　B.10100000　　C.00011111　　D.01000000

54.执行二进制算术运算 01010100 +10010011，其运算结果是(　　)。

A.11100111　　B.11000111　　C.00010000　　D.11101011

55.执行八进制算术运算 15×12，其运算结果是(　　)。

A.17A　　B.252　　C.180　　D.202

56.执行十六进制算术运算 32－2B，其运算结果是(　　)。

A.7　　B.11　　C.1A　　D.1

57.计算机能处理的最小数据单位是(　　)。

A.ASCII 码字符　　B.byte　　C.word　　D.bit

58.bit 的意思(　　)。

A.0～7　　B.0～f　　C.0～9　　D.1 或 0

59.1KB=(　　)。

A.1000B　　B.10 的 10 次方 B

C.1024B　　D.10 的 20 次方 B

60.字节是计算机中(　　)信息单位。

A.基本　　B.最小　　C.最大　　D.不是

61.十进制的整数化为二进制整数的方法是(　　)。

A.乘 2 取整法　　B.除 2 取整法　　C.乘 2 取余法　　D.除 2 取余法

62.下列各种进制的数中，最大的数是(　　)。

A.二进制数 101001　　B.八进制数 52

C.十六进制数 2B　　D.十进制数 44

63.二进制数 1100100 对应的十进制数是(　　)。

A.384　　B.192　　C.100　　D.320

64.将十进制数 119.275 转换成二进制数约为(　　)。

A.1110111.011　　B.1110111.01

C.1110111.11　　D.1110111.10

65.将十六进制数 BF 转换成十进制数是(　　)。

A.187　　B.188　　C.191　　D.196

66.将二进制数 101101.1011 转换成十六进制数是(　　)。

A.2D.B　　B.22D.A　　C.2B.A　　D.2B.51

67.十进制小数 0.625 转换成十六进制小数是(　　)。

A.0.01　　B.0.1　　C.0.A　　D.0.001

68.将八进制数 56 转换成二进制数是(　　)。

A.00101010　　B.00010101

C.00110011　　D.00101110

69.将十六进制数 3AD 转换成八进制数(　　)。

A.3790　　B.1675　　C.1655　　D.3789

70.一个字节的二进制位数为(　　)。

A.2　　B.4　　C.8　　D.16

71.将十进制数 100 转换成二进制数是(　　)。

A.1100100　　B.1100011　　C.00000100　　D.10000000

72.将十进制数 100 转换成八进制数是(　　)。

A.123　　B.144　　C.80　　D.800

73.将十进制数 100;转换成十六进制数是(　　)。

A.64　　B.63　　C.100　　D.0AD

74.按对应的 ASCII 码比较,下列正确的是(　　)。

A."A"比"B"大　　B."f"比"Q"大

C.空格比逗号大 32 44　　D."H"比"R"大

75.我国的国家标准 GB2312 用(　　)位二进制数来表示一个字符。

A.8　　B.16　　C.4　　D.7

76.下列一组数据中的最大数是(　　)。

A.(227)O　　B.(1EF)H　　C.(101001)B　　D.(789)D

77.101101B 表示一个(　　)进制数。

A.二　　B.十　　C.十六　　D.任意

78.1G 表示 2 的(　　)次方。

A.10　　B.20　　C.30　　D.40

79.以下关于字符之间大小关系的说法中,正确的是(　　)。

A.字符与数值不同,不能规定大小关系　　B.E 比 5 大

C.Z 比 x 大　　D.! 比空格小

80.关于 ASCII 的大小关系,下列说法正确的是(　　)。

A.a＞A＞9　　B.A＜a＜空格符

C.C＞b＞9　　D.Z＜A＜空格符

81.下列说法正确的一项是(　　)。

A.把十进制数 321 转换成二进制数是 101100001

B.把 100H 表示成二进制数是 101000000

C.把 400H 表示成二进制数是 1000000001

D.把 1234H 表示成十进制数是 4660

82.十六进制数 100000 相当 2 的(　　)次方。

A.18　　B.19　　C.20　　D.21

83.在计算机中 1byte 无符号整数的取值范围是(　　)。

A.0～256　　B.0～255

C.－128～128　　D.－127～127

84.在计算机中 1byte 有符号整数的取值范围是(　　)。

A.－128～127　　B.－127～128

C.－127～127　　D.－128～128

85.在计算机中,应用最普遍的字符编码是(　　)。

A.原码　　B.反码　　C.ASCII 码　　D.汉字编码

86.下列叙述中,正确的一项是(　　)。

A.二进制正数的补码等于原码本身

B.二进制负数的补码等于原码本身

C.二进制负数的反码等于原码本身

D.上述均不正确

87.在计算机中所有的数值采用二进制的(　　)表示。

A.原码　　B.反码　　C.补码　　D.ASCII 码

88.下列字符中,ASCII 码值最小的是(　　)。

A.R　　B.;　　C.a　　D.空格

89.已知小写英文字母 m 的 ASCII 码值是十六进制数 6D,则字母 q 的十六进制 ASCII 码值是(　　)。

A.98　　B.62　　C.99　　D.71

90.十六进制数－61 的二进制原码是(　　)。

A.10101111　　B.10110001

C.10101100　　D.10111101

91.八进制数－57 的二进制反码是(　　)。

A.11010000　　B.01000011

C.11000010　　D.11000011

92.在 R 进制数中,能使用的最大数字符号是(　　)。

A.9　　B.R　　C.0　　D.R－1

93.下列八进制数中不正确的一项是(　　)。

A.281　　B.35　　C.－2　　D.－45

94.ASCII 码是(　　)缩写。

A.汉字标准信息交换代码　　B.世界标准信息交换代码

C.英国标准信息交换代码　　D.美国标准信息交换代码

95.下列说法正确的一项是(　　)。

A.计算机不做减法运算　　B.计算机中的数值转换成反码再运算

C.计算机只能处理数值　　D.计算机将数值转换成原码再计算

96.ASCII 码在计算机中用(　　)byte 存放。

A.8　　B.1　　C.2　　D.4

97.在计算机中,汉字采用(　　)存放。

A.输入码　　B.字型码

C.机内码　　D.输出码

98.GB2312－80 码在计算机中用(　　)byte 存放。

A.2　　B.1　　C.8　　D.16

99.输出汉字字形的清晰度与(　　)有关。

A.不同的字体　　B.汉字的笔画

C.汉字点阵的规模　　D.汉字的大小

100.使用无汉字库的打印机打印汉字时,计算机输出的汉字编码必须是(　　)。

A.ASCII 码　　B.汉字交换码

C.汉字点阵信息　　D.汉字内码

101.下列叙述中,正确的一项是(　　)。

A.键盘上的 F1～F12 功能键,在不同的软件下其作用是一样的

B.计算机内部,数据采用二进制表示,而程序则用字符表示

C.计算机汉字字模的作用是供屏幕显示和打印输出

D.微型计算机主机箱内的所有部件均由大规模、超大规模集成电路构成

102.常用的汉字输入法属于(　　)。

A.国标码　　　　　　　　　　　　　　B.输入码

C.机内码　　　　　　　　　　　　　　D.上述均不是

103.计算机中的数据可分为两种类型:数字和字符,它们最终都转化为二进制才能继续存储和处理。对于人们习惯使用的十进制,通常用(　　)进行转换。

A.ASCII 码　　　　　　　　　　　　　B.扩展 ASCII 码

C.扩展 BCD 码　　　　　　　　　　　D.BCD 码

104.计算机中的数据可分为两种类型:数字和字符,它们最终都转化为二进制才能继续存储和处理。对于字符编码通常用(　　)。

A.ASCII 码　　　　　　　　　　　　　B.扩展 ASCII 码

C.扩展 BCD 码　　　　　　　　　　　D.BCD 码

105.计算机病毒是可以使整个计算机瘫痪,危害极大的(　　)。

A.一种芯片　　　　　　　　　　　　　B.一段特制程序

C.一种生物病毒　　　　　　　　　　　D.一条命令

106.计算机病毒的传播途径可以是(　　)。

A.空气　　　　　　　　　　　　　　　B.计算机网络

C.键盘　　　　　　　　　　　　　　　D.打印机

107.反病毒软件是一种(　　)。

A.操作系统　　　　　　　　　　　　　B.语言处理程序

C.应用软件　　　　　　　　　　　　　D.高级语言的源程序

108.反病毒软件(　　)。

A.只能检测清除已知病毒

B.可以让计算机用户永无后顾之忧

C.自身不可能感染计算机病毒

D.可以检测清除所有病毒

109.在下列途径中,计算机病毒传播得最快的是(　　)。

A.通过光盘　　　　　　　　　　　　　B.通过键盘

C.通过电子邮件　　　　　　　　　　　D.通过盗版软件

110.一般情况下,计算机病毒会造成(　　)。

A.用户患病　　　　　　　　　　　　　B.CPU 的破坏

C.硬件故障　　　　　　　　　　　　　D.程序和数据被破坏

111.若 U 盘上染有病毒,为了防止该病毒传染计算机系统,正确的措施是(　　)。

A.删除该 U 盘上所有程序

B.给该 U 盘加上写保护

C.将 U 盘放一段时间后再使用

D.将该 U 盘重新格式化

112.计算机病毒的主要特点是（　　）。

A.传播性、破坏性　　B.传染性、破坏性

C.排它性、可读性　　D.隐蔽性、排它性

113.系统引导型病毒寄生在（　）。

A.硬盘上　　B.键盘上　　C.CPU 中　　D.邮件中

114.目前网络病毒中影响最大的主要有（　）。

A.特洛伊木马病毒　　B.生物病毒

C.文件病毒　　D.空气病毒

115.病毒清除是指（　　）。

A.去医院看医生

B.请专业人员清洁设备

C.安装监控器监视计算机

D.从内存、磁盘和文件中清除掉病毒程序

116.选择杀毒软件时要关注（　）因素。

A.价格　　B.软件大小

C.包装　　D.能够查杀的病毒种类

117.计算机安全包括（　　）。

A.系统资源安全　　B.信息资源安全

C.系统资源安全和信息资源安全　　D.防盗

118.编写和故意传播计算机病毒，会根据国家（　　）法相应条例，按计算机犯罪进行处罚。

A.民　　B.刑　　C.治安管理　　D.保护

119.（　　）不属于计算机信息安全的范畴。

A.实体安全　　B.运行安全　　C.人员安全　　D.知识产权

120.下列关于计算机病毒描述错误的一项是（　　）。

A.病毒是一种人为编制的程序

B.病毒可能破坏计算机硬件

C.病毒相对于杀毒软件永远是超前的

D.格式化操作也不能彻底清除软盘中的病毒

121.信息系统的安全目标主要体现为（　）。

A.信息保护和系统保护　　B.软件保护

C.硬件保护　　D.网络保护

122.信息系统的安全主要考虑（　　）方面的安全。

A.环境　　B.软件

C.硬件　　D.上述所有

123.使计算机病毒传播范围最广的媒介是（　　）。

A.硬磁盘　　B.软磁盘　　C.内部存储器　　D.互联网

124.多数情况下由计算机病毒程序引起的问题属于(　　)故障。

A.硬件　　B.软件　　C.操作　　D.上述均不是

125.第三次信息技术革命指的是(　　)。

A.物联网　　B.互联网　　C.感知中国　　D.智慧地球

126.三层结构类型的物联网不包括(　　)。

A.网络层　　B.感知层　　C.会话层　　D.应用层

127.在云计算平台中,(　　)软件即服务。

A.IaaS　　B.PaaS　　C.SaaS　　D.QaaS

128.在云计算平台中,(　　)平台即服务。

A.IaaS　　B.PaaS　　C.SaaS　　D.QaaS

129.在云计算平台中,(　　)基础设施即服务。

A.IaaS　　B.PaaS　　C.SaaS　　D.QaaS

项目2　计算机系统的组成

1.冯·诺依曼提出的计算机体系结构中硬件由(　　)部分组成。

A.2　　B.5　　C.3　　D.4

2.科学家(　　)奠定了现代计算机的结构理论。

A.诺贝尔　　B.爱因斯坦　　C.冯·诺依曼　　D.居里

3.冯·诺依曼计算机工作原理的核心是(　　)和“程序控制”。

A.顺序存储　　B.存储程序　　C.集中存储　　D.运算存储分离

4.计算机的基本理论“存储程序”是由(　　)提出来的。

A.牛顿　　B.冯·诺依曼

C.爱迪生　　D.莫奇利和艾科特

5.计算机将程序和数据同时存放在机器的(　　)中。

A.控制器　　B.存储器　　C.输入/输出设备　　D.运算器

6.计算机存储程序的思想是(　　)提出的。

A.图灵　　B.布尔　　C.冯·诺依曼　　D.帕斯卡

7.微型计算机属于(　　)计算机。

A.第1代　　B.第2代　　C.第3代　　D.第4代

8.微处理器把运算器和(　　)集成在一块很小的硅片上,是一个独立的部件。

A.控制器　　B.内存储器　　C.输入设备　　D.输出设备

9.微型计算机的基本构成有两个特点:一是采用微处理器,二是采用(　　)。

A.键盘和鼠标器作为输入设备

B.显示器和打印机作为输出设备

C.ROM和RAM作为主存储器

D.总线系统

10.在微型计算机系统组成中,我们把微处理器CPU、只读存储器ROM和随机存储器RAM三部分统称为(　　)。

A.硬件系统　　B.硬件核心模块

C.微机系统　　D.主机

11.微型计算机使用的主要逻辑部件是(　　)。

A.电子管　　B.晶体管

C.固体组件　　D.大规模和超大规模集成电路

12.微型计算机的系统总线是CPU与其他部件之间传送(　　)信息的公共通道。

A.输入、输出、运算　　B.输入、输出、控制

C.程序、数据、运算　　D.数据、地址、控制

13.CPU与其他部件之间传送数据是通过(　　)实现的。

A.数据总线　　B.地址总线

C.控制总线　　D.数据、地址和控制总线三者

14.计算机软件系统应包括(　　)。

A.操作系统和语言处理系统　　B.数据库软件和管理软件

C.程序和数据　　D.系统软件和应用软件

15.系统软件中最重要的是(　　)。

A.解释程序　　B.操作系统

C.数据库管理系统　　D.工具软件

16.一个完整的计算机系统包括(　　)两大部分。

A.控制器和运算器　　B.CPU和I/O设备

C.硬件和软件　　D.操作系统和计算机设备

17.应用软件是指(　　)。

A.游戏软件

B.Windows XP

C.信息管理软件

D.用户编写或帮助用户完成具体工作的各种软件

18.Windows 7、Windows XP都是(　　)。

A.最新程序　　B.应用软件

C.工具软件　　D.操作系统

19.操作系统是(　　)之间的接口。

A.用户和计算机　　B.用户和控制对象

C.硬盘和内存　　D.键盘和用户

20.计算机能直接执行(　　)。

A.高级语言编写的源程序　　B.机器语言程序

C.英语程序　　D.十进制程序

21.将高级语言翻译成机器语言的方式有两种(　　)。

A.解释和编译　　B.文字处理和图形处理

C.图像处理和翻译　　D.语音处理和文字编辑

22.银行的储蓄程序属于(　　)。

A.表格处理软件　　B.系统软件

C.应用软件　　D.文字处理软件

23.Oracle是(　　)。

A.实时控制软件　　B.数据库处理软件

C.图形处理软件　　D.表格处理软件

24.AutoCAD是(　　)软件。

A.计算机辅助教育　　B.计算机辅助设计

C.计算机辅助测试　　D.计算机辅助管理

25.计算机软件一般指(　　)。

A.程序　　B.数据

C.有关文档资料　　D.上述三项

26.为解决各类应用问题而编写的程序,例如人事管理系统,称为(　　)。

A.系统软件　　B.支撑软件　　C.应用软件　　D.服务性程序

27.内层软件向外层软件提供服务,外层软件在内层软件支持下才能运行,表现了软件系统(　　)。

A.层次关系　　B.模块性　　C.基础性　　D.通用性

28.(　　)语言是用助记符代替操作码、地址符号代替操作数的面向机器的语言。

A.汇编　　B.FORTRAN　　C.机器　　D.高级

29.将高级语言程序翻译成等价的机器语言程序,需要使用(　　)软件。

A.汇编程序　　B.编译程序　　C.连接程序　　D.解释程序

30.编译程序将高级语言程序翻译成与之等价的机器语言,前者称为源程序,后者称为(　　)。

A.工作程序　　B.机器程序　　C.临时程序　　D.目标程序

31.关于计算机语言的描述,正确的一项是(　　)。

A.高级语言程序可以直接运行

B.汇编语言比机器语言执行速度快

C.机器语言的语句全部由0和1组成

D.计算机语言越高级越难以阅读和修改

32.关于计算机语言的描述,正确的一项是(　　)。

A.机器语言因为是面向机器的低级语言,所以执行速度慢

B.机器语言的语句全部由0和1组成,指令代码短,执行速度快

C.汇编语言已将机器语言符号化,所以它与机器无关

D.汇编语言比机器语言执行速度快

33.关于计算机语言的描述,正确的一项是(　　)。

A.翻译高级语言源程序时,解释方式和编译方式并无太大差别

B.用高级语言编写的程序其代码效率比汇编语言编写的程序要高

C.源程序与目标程序是互相依赖的

D.对于编译类计算机语言,源程序不能被执行,必须产生目标程序才能被执行

34.用户用计算机高级语言编写的程序,通常称为(　　)。

A.汇编程序　　B.目标程序

C.源程序　　D.二进制代码程序

35.Visual Basic 语言是(　　)。

A.操作系统　　B.机器语言　　C.高级语言　　D.汇编语言

36.下列选项中,(　　)是计算机高级语言。

A.Windows　　B.Dos　　C.Visual Basic　　D.Word

37.下列(　　)具备软件的特征。

A.软件生产主要是体力劳动　　B.软件产品有生命周期

C.软件是一种物资产品　　D.软件成本比硬件成本低

38.软件危机是指(　　)。

A.在计算机软件的开发和维护过程中所遇到的一系列严重问题

B.软件价格太高

C.软件技术超过硬件技术

D.软件太多

39.软件工程是指(　　)的工程学科。

A.计算机软件开发　　B.计算机软件管理

C.计算机软件维护　　D.计算机软件开发和维护

40.目前使用最广泛的软件工程方法分别是(　　)。

A.传统方法和面向对象方法　　B.面向过程方法

C.结构化程序设计方法　　D.面向对象方法

41.对计算机软件正确的态度是(　　)。

A.计算机软件不需要维护

B.计算机软件只要能复制到就不必购买

C.计算机软件不必备份

D.受法律保护的计算机软件不能随便复制

42.64 位计算机中的 64 位指的是(　　)。

A.机器字长　　B.CPU 速度　　C.计算机品牌　　D.存储容量

43.一台完整的计算机系统由(　　)组成。

A.系统软件和应用软件　　B.计算机硬件系统和软件系统

C.主机、键盘、显示器　　D.主机及其外部设备

44.计算机主机一般包括(　　)。

A.运算器和控制器　　B.CPU 和内存

C.运算器和内存　　D.CPU 和只读存储器

45.一般情况下，“裸机”是指（　　）。

A.单板机　　B.没有使用过的计算机

C.没有安装任何软件的计算机　　D.只安装操作系统的计算机

46.计算机硬件包括运算器、控制器、（　　）、输入设备和输出设备。

A.存储器　　B.显示器　　C.驱动器　　D.硬盘

47.微型计算机硬件系统中最核心的部件是（　　）。

A.主板　　B.CPU　　C.内存储器　　D.I/O 设备

48.微型计算机的运算器、控制器集成在一块芯片上，总称是（　　）。

A.主机　　B.CPU　　C.ALU　　D.MODEM

49.I/O 设备的含义是（　　）。

A.输入/输出设备　　B.通信设备　　C.网络设备　　D.控制设备

50.下列设备可以将照片输入到计算机上的是（　　）。

A.键盘　　B.数字化仪　　C.绘图仪　　D.扫描仪

51.下列设备中既属于输入设备又属于输出设备的是（　　）。

A.鼠标　　B.显示器　　C.硬盘　　D.扫描仪

52.根据传输的信号不同系统总线分为（　　）。

A.地址总线　　B.数据总线　　C.控制总线　　D.以上三者

53.计算机启动时所要执行的基本指令信息存放在（　　）中。

A.CPU　　B.内存　　C.BIOS　　D.硬盘

54.CPU 直接访问的存储器是（　　）。

A.软盘　　B.硬盘

C.只读存储器　　D.随机存取存储器

55.我们通常所说的内存条指的是（　　）条。

A.ROM　　B.EPROM　　C.RAM　　D.Flash Memory

56.下列存储器中存取周期最短的是（　　）。

A.硬盘　　B.内存储器　　C.光盘　　D.软盘

57.配置高速缓冲存储器(Cache)是为了解决（　　）。

A.内存和外存之间速度不匹配的问题

B.CPU 和外存之间速度不匹配的问题

C.CPU 和内存之间速度不匹配的问题

D.主机和其他外围设备之间速度不匹配的问题

58.直接运行在裸机上的最基本的系统软件是（　　）。

A.Word　　B.Flash　　C.操作系统　　D.驱动程序

59.把高级语言编写的源程序转换为目标程序要经过（　　）。

A.编辑　　B.编译　　C.解释　　D.汇编

60.计算机可以直接执行的程序是( )。

A.高级语言程序　B.汇编语言程序　C.机器语言程序　D.低级语言程序

61.用户用计算机高级语言编写的程序,通常称为( )。

A.汇编程序　B.目标程序

C.源程序　D.二进制代码程序

62.CPU、存储器、I/O 设备是通过( )连接起来的。

A.接口　B.总线　C.控制线　D.系统文件

63.内存空间是由许多存储单元构成的,每个存储单元都有一个唯一的编号,这个编号称为内存( )。

A.地址　B.空间　C.单元　D.编号

64.MIPS 是表示计算机( )性能的单位。

A.字长　B.主频　C.运算速度　D.存储容量

项目3 计算机网络基础与 Internet 应用

1.HTTP 是一种(　　)。

A.高级程序设计语言　　B.超文本传输协议

C.域名　　D.网址超文本传输协议

2.计算机网络的主要目标是实现(　　)。

A.即时通信　　B.发送邮件

C.运算速度快　　D.资源共享

3.E-mail 的中文含义是(　　)。

A.远程查询　　B.文件传输　　C.远程登录　　D.电子邮件

4.Internet 的前身是(　　)。

A.ARPANET　　B.ENIVAC　　C.TCP/IP　　D.MILNET

5.下列选项中,正确的 IP 地址格式是(　　)。

A.202.202.1　　B.202.2.2.2.2

C.202.118.118.1　　D.202.258.14.13

6.(　　)类 IP 地址是广播地址。

A.A　　B.B　　C.C　　D.D

7.下列选项中不是计算机网络必须具备的要素的一项是(　　)。

A.网络服务　　B.连接介质

C.协议　　D.交换机

8.下列选项中不是按网络拓扑结构的分类的一项是(　　)。

A.星型网　　B.环型网　　C.校园网　　D.总线型网

9.下列网络拓扑结构对中央节点的依赖性最强的一项是(　　)。

A.星型　　B.环型　　C.总线型　　D.链型

10.计算机网络按其传输带宽方式分类,可分为(　　)。

A.广域网和骨干网　　B.局域网和接入网

C.基带网和宽带网　　D.宽带网和窄带网

11.下列是网络操作系统的一项是(　　)。

A.TCP/IP 网　　B.ARP　　C.WINDOWS 2000　　D.Internet

12.调制解调器的英文名称是(　　)。

A.Bridge　　B.Router　　C.Gateway　　D.Modem

13.计算机网络是由通信子网和(　　)组成。

A.网卡　B.服务器　C.网线　D.资源子网

14.企业内部网是采用 TCP/IP 技术,集 LAN、WAN 和数据服务为一体的一种网络,它也称为(　　)。

A.广域网　B.Internet　C.局域网　D.Intranet

15.Internet 属于(　　)。

A.局域网　B.广域网　C.全局网　D.主干网

16.E-mail 地址中@后面的内容是指(　　)。

A.密码　B.邮件服务器名称

C.帐号　D.服务提供商名称

17.下列有关网络的说法中,错误的一项是(　　)。

A.OSI/RM 分为七个层次,最高层是表示层

B.在电子邮件中,除文字、图形外,还可包含音乐、动画等

C.如果网络中有一台计算机出现故障,对整个网络不一定有影响

D.在网络范围内,用户可被允许共享软件、数据和硬件

18.网络上可以共享的资源有(　　)。

A.传真机,数据,显示器　B.调制解调器,内存,图像等

C.打印机,数据,软件等　D.调制解调器,打印机,缓存

19.在 OSI/RM 协议模型的数据链路层,数据传输的基本单位是(　　)。

A.比特　B.帧　C.分组　D.报文

20.在 OSI/RM 协议模型的物理层,数据传输的基本单位是(　　)。

A.比特　B.帧　C.分组　D.报文

21.下列网络中,不属于局域网的是(　　)。

A.因特网　B.工作组网络

C.中小企业网络　D.校园计算机网

22.下列传输介质中,属于无线传输介质的是(　　)。

A.双绞线　B.微波　C.同轴电缆　D.光缆

23.下列传输介质中,属于有线传输介质的是(　　)。

A.红外　B.蓝牙　C.同轴电缆　D.微波

24.下列传输介质中,传输信号损失最小的是(　　)。

A.双绞线　B.同轴电缆　C.光缆　D.微波

25.中继器是工作在(　　)的设备。

A.物理层　B.数据链路层　C.网络层　D.传输层

26.集线器又被称作(　　)。

A.Switch　B.Router　C.Hub　D.Gateway

27.关于计算机网络协议，下面说法错误的一项是（　　）。

A.网络协议就是网络通信的内容

B.制定网络协议是为了保证数据通信的正确、可靠

C.计算机网络的各层及其协议的集合，称为网络的体系结构

D.网络协议通常由语义、语法、变换规则 3 部分组成

28.路由器工作在 OSI/RM 网络协议参考模型的（　　）。

A.物理层　　B.网络层　　C.传输层　　D.会话层

29.计算机接入局域网需要配备（　　）。

A.网卡　　B.MODEM　　C.声卡　　D.打印机

30.下列说法错误的一项是（　　）。

A.因特网中的 IP 地址是唯一的　　B.IP 地址由网络地址和主机地址组成

C.一个 IP 地址可对应多个域名　　D.一个域名可对应多个 IP 地址

31.IP 地址格式写成十进制时有（　　）组十进制数。

A.8　　B.4　　C.5　　D.32

32.IP 地址为 192.168.120.32 的地址是（　　）类地址。

A.A　　B.B　　C.C　　D.D

33.依据前三位二进制代码，下列 IP 地址属于 C 类地址的一项是（　　）。

A.010……　　B.100……

C.110……　　D.111……

34.IP 地址为 10.1.10.32 的地址是（　　）类地址。

A.A　　B.B

C.C　　D.D

35.依据前四位二进制代码，判别以下哪个 IP 地址属于 D 类地址（　　）。

A.0100………　　B.1000………

C.1100………　　D.1110………

36.IP 地址为 172.15.260.32 的地址是（　　）类地址。

A.A　　B.B　　C.C　　D.无效地址

37.每块网卡的物理地址是（　　）。

A.可以重复的　　B.唯一的

C.可以没有地址　　D.地址可以是任意长度

38.下列属于计算机网络通信设备的是（　　）。

A.显卡　　B.网卡　　C.音箱　　D.声卡

39.下列属于计算机网络特有设备的是（　　）。

A.显示器　　B.光盘驱动器　　C.路由器　　D.鼠标器

40.依据前三位二进制代码，下列 IP 地址属于 A 类地址的一项是（　　）。

A.010…… B.111……

C.110…… D.100……

41.网卡属于计算机的( )。

A.显示设备 B.存储设备 C.打印设备 D.网络设备

42.Internet 中 URL 的含义是( )。

A.统一资源定位器 B.Internet 协议

C.简单邮件传输协议 D.传输控制协议

43.要能顺利发送和接收电子邮件,下列设备必需的是( )。

A.打印机 B.邮件服务器 C.扫描仪 D.Web 服务器

44.用 Outlook Express 接收电子邮件时,收到的邮件中带有回形针状标志,说明该邮件( )。

A.有病毒 B.有附件 C.没有附件 D.有黑客

45.OSI/RM 协议模型的最底层是( )。

A.应用层 B.网络层 C.物理层 D.传输层

46.地址栏中输入的 http://zjhk.school.com 中,zjhk.school.com 是一个( )。

A.域名 B.文件 C.邮箱 D.国家

47.通常所说的 DDN 是指( )。

A.上网方式 B.电脑品牌

C.网络服务商 D.网页制作技术

48.欲将一个 play.exe 文件发送给远方的朋友,可以把该文件放在电子邮件的( )。

A.正文中 B.附件中

C.主题中 D.地址中

49.电子邮件地址 stu@zjschool.com 中的 zjschool.com 代表的是( )。

A.用户名 B.学校名

C.学生姓名 D.邮件服务器名称

50.E-mail 地址的格式是( )。

A.www.zjschool.cn

B.网址·用户名

C.帐号@邮件服务器名称

D.用户名·邮件服务器名称

项目4 多媒体技术基础

1.对于各种多媒体信息，(　　)。

A.计算机只能直接识别图像信息　　B.计算机只能直接识别音频信息

C.不需转换直接就能识别　　D.必须转换成二进制数才能识别

2.所谓的媒体是指(　　)。

A.表示和传播信息的载体　　B.各种信息的编码

C.计算机屏幕显示的信息　　D.计算机的输入和输出信息

3.多媒体媒体元素不包括(　　)。

A.文本　　B.光盘　　C.声音　　D.图像

4.多媒体计算机是指(　　)。

A.具有多种外部设备的计算机

B.能与多种电器连接的计算机

C.能处理多种媒体的计算机

D.借助多种媒体操作的计算机

5.多媒体除了具有信息媒体多样性的特征外，还具有(　　)。

A.交互性　　B.集成性

C.系统性　　D.上述三方面特征

6.在多媒体应用中，文本的多样化主要是通过其(　　)表现出来的。

A.文本格式　　B.编码　　C.内容　　D.存储格式

7.下面关于图形媒体元素的描述，说法不正确的是(　　)。

A.图形也称矢量图　　B.图形主要由直线和弧线等实体组成

C.图形易于用数学方法描述　　D.图形在计算机中用位图格式表示

8.下面关于(静止)图像媒体元素的描述，说法不正确的一项是(　　)。

A.静止图像和图形一样具有明显规律的线条

B.图像在计算机内部只能用称之为“像素”的点阵来表示

C.图形与图像在普通用户看来是一样的，但计算机对它们的处理方法完全不同

D.图像较图形在计算机内部占据更大的存储空间

9.分辨率影响图像的质量，在图像处理时需要考虑(　　)。

A.屏幕分辨率　　B.显示分辨率

C.像素分辨率　　D.上述三项

10.屏幕上每个像素都用一个或多个二进制位描述其颜色信息，256 种灰度等级的图像每个像素用(　　)个二进制位描述其颜色信息。

A.1　　B.4　　C.8　　D.24

11.PCX、BMP、TIFF、JPG、GIF 等格式的文件是(　　)。

A.动画文件　　B.视频数字文件

C.位图文件　　D.矢量文件

12.WMF、DXF 等格式的文件是(　　)。

A.动画文件　　B.视频数字文件

C.位图文件　　D.矢量文件

13.因特网上最常用的用来传输图像的存储格式是(　　)。

A.WAV　　B.BMP　　C.MID　　D.JPEG

14.图像数据压缩的目的是(　　)。

A.符合 ISO 标准　　B.减少数据存储量，便于传输

C.图像编辑的方便　　D.符合各国的电视制式

15.目前我国采用视频信号的制式是(　　)。

A.PAL　　B.NTSC　　C.SECAM　　D.S－Video

16.视频信号数字化存在的最大问题是(　　)。

A.精度低　　B.设备昂贵　　C.过程复杂　　D.数据量大

17.计算机在存储波形声音之前，必须进行(　　)。

A.压缩处理　　B.解压缩处理

C.模拟化处理　　D.数字化处理

18.计算机先要用(　　)设备把波形声音的模拟信号转换成数字信号再处理或存储。

A.模/数转换器　　B.数/模转换器　　C.VCD　　D.DVD

19.(　　)直接影响声音数字化的质量。

A.采样频率　　B.采样精度

C.声道数　　D.上述三项

20.MIDI 标准的文件中存放的是(　　)。

A.波形声音的模拟信号　　B.波形声音的数字信号

C.计算机程序　　D.符号化的音乐

21.不能用来存储声音的文件格式是(　　)。

A.WAV　　B.JPG　　C.MID　　D.MP3

22.声卡是多媒体计算机不可缺少的组成部分，是(　　)。

A.纸做的卡片　　B.塑料做的卡片

C.一块专用器件　　D.一种圆形唱片

23.下面关于动画媒体元素的描述，说法不正确的是(　　)。

A.动画也是一种活动影像　　B.动画有二维和三维之分

C.动画只能逐幅绘制　　D.SWF 格式文件可以保存动画

24.下面关于多媒体数据压缩技术的描述,说法不正确的一项是(　　)。

A.数据压缩的目的是为了减少数据存储量,便于传输和回放。

B.图像压缩就是在没有明显失真的前提下,将图像的位图信息转变成另外一种能将数据量缩减的表达形式。

C.数据压缩算法分为有损压缩和无损压缩。

D.只有图像数据需要压缩。

25.MPEG 是一种图像压缩标准,其含义是(　　)。

A.联合静态图像专家组　　B.联合活动图像专家组

C.国际标准化组织　　D.国际电报电话咨询委员会

26.DVD 光盘采用的数据压缩标准是(　　)。

A.MPEG-1　　B.MPEG-2　　C.MPEG-4　　D.MPEG-7

27.常用于存储多媒体数据的存储介质是(　　)。

A.CD-ROM、VCD 和 DVD　　B.CD-RW 和 CD-R

C.大容量磁盘与磁盘阵列　　D.上述三项

28.音频和视频信号的压缩处理需要进行大量的计算和处理,输入和输出往往要实时完成,要求计算机具有很高的处理速度,因此要求有(　　)。

A.高速运算的 CPU 和大容量的内存储器 RAM

B.多媒体专用数据采集和还原电路

C.数据压缩和解压缩等高速数字信号处理器

D.上述三项

29.多媒体计算机系统由(　　)。

A.计算机系统和各种媒体组成

B.计算机和多媒体操作系统组成

C.多媒体计算机硬件系统和多媒体计算机软件系统组成

D.计算机系统和多媒体输入输出设备组成

30.下面是关于多媒体计算机硬件系统的描述,不正确的一项是(　　)。

A.摄像机、话筒、录像机、录音机、扫描仪等是多媒体输入设备。

B.打印机、绘图仪、电视机、音响、录像机、录音机、显示器等是多媒体的输出设备。

C.多媒体功能卡一般包括声卡、视卡、图形加速卡、多媒体压缩卡、数据采集卡等。

D.由于多媒体信息数据量大,一般用光盘而不用硬盘作为存储介质。

31.下列设备,不能作为多媒体操作控制设备的是(　　)。

A.鼠标器和键盘　　B.操纵杆　　C.触摸屏　　D.话筒

32.多媒体计算机软件系统由(　　)、多媒体数据库、多媒体压缩解压缩程序、声像同步处理

程序、通信程序、多媒体开发制作工具软件等组成。

A.多媒体应用软件　　B.多媒体操作系统

C.多媒体系统软件　　D.多媒体通信协议

33.采用工具软件不同，计算机动画文件的存储格式也就不同。以下几种文件的格式不是计算机动画格式的是(　　)。

A.GIF 格式　　B.MIDI 格式　　C.SWF 格式　　D.MOV 格式

34.请根据多媒体的特性判断，(　　)属于多媒体的范畴。

A.交互式视频游戏　　B.图书　　C.彩色画报　　D.彩色电视

35.要把一台普通的计算机变成多媒体计算机，(　　)不是要解决的关键技术。

A.数据共享　　B.多媒体数据压编码和解码技术

C.视频音频数据的实时处理和特技　　D.视频音频数据的输出技术

36.多媒体技术未来发展的方向是(　　)。

A.高分辨率，提高显示质量　　B.高速度化，缩短处理时间

C.简单化，便于操作　　D.智能化，提高信息识别能力

37.数字音频采样和量化过程所用的主要硬件是(　　)。

A.数字编码器　　B.数字解码器

C.模拟到数字的转换器(A/D 转换器)　　D.数字到模拟的转换器(D/A 转换器)

38.音频卡是按(　　)分类的。

A.采样频率　　B.声道数

C.采样量化位数　　D.压缩方式

39.两分钟双声道，16 位采样位数，22.05khz 采样频率声音的不压缩的数据量是(　　)。

A.5.05MB　　B.12.58 MB　　C.10.34 MB　　D.10.09 MB

40.目前音频卡具备的功能是(　　)。

A.录制和回放数字音频文件　　B.混音

C.语音特征识别　　D.实时解/压缩数字单频文件

41.以下的采样频率中(　　)是目前音频卡所支持的。

A.20khz　　B.22.05 khz　　C.100 khz　　D.50 khz

42.下列采集的波形声音质量最好的是(　　)。

A.单声道、8 位量化、22.05 khz 采样频率　　B.双声道、8 位量化、44.1 khz 采样频率

C.单声道、16 位量化、22.05 khz 采样频率　　D.双声道、16 位量化、44.1 khz 采样频率

43.国际上除我国外常用的视频制式有(　　)。

A.pal 制　　B.ntsc 制　　C.secam 制　　D.mpeg

44.在多媒体计算机中常用的图像输入设备是(　　)。

A.数码照相机　　B.彩色扫描仪

C.视频信号数字化仪　　D.彩色摄象机

45.视频采集卡能支持多种视频源输入，下列属于视频采集卡支持的视频源的是（　　）。

A.放像机　　B.摄像机　　C.影碟机　　D.cd-rom

46.下列数字视频中质量最好的是（　　）。

A.240/180 分辨率、24 位真彩色、15 帧/秒的帧率

B.320/240 分辨率、32 位真彩色、25 帧/秒的帧率

C.640/480 分辨率、32 位真彩色、30 帧/秒的帧率

D.640/480 分辨率、16 位真彩色、15 帧/秒的帧率

47.组成多媒体系统的最简单途径是（　　）。

A.直接设计和实现　　B.增加多媒体升级套件进行扩展

C.cpu 升级　　D.增加 cd-da

48.下面说法不正确的一项是（　　）。

A.电子出版物存储容量大，一张光盘可存储几百本书

B.电子出版物可以集成文本、图形、图像、动画、视频和音频等多媒体信息

C.电子出版物不能长期保存

D.电子出版物检索快

49.一般说来，要求声音的质量越高，则（　　）。

A.量化级数越低和采样频率越低　　B.量化级数越高和采样频率越高

C.量化级数越低和采样频率越高　　D.量化级数越高和采样频率越低

50.下列声音文件格式中，（　　）是波形文件格式。

A.WAV　　B.CMF　　C.VOC　　D.MID

51.下列（　　）是图像和视频编码的国际标准。

A.JPEG　　B.MPEG　　C.ADPCM　　D.AVI

52.下述声音分类中质量最好的是（　　）。

A.数字激光唱盘　　B.调频无线电广播

C.调幅无线电广播　　D.电话

53.以下文件格式中不是图像文件格式的是（　　）。

A.pcx　　B.gif　　C.wmf　　D.mpg

54.光盘按其读写功能可分为（　　）。

A.只读光盘/可擦写光盘　　B.CD/DVD/VCD

C.3.5/5/8 吋　　D.塑料/铝合金

55.（　　）是指直接作用于人的感觉器官，是人产生直接感觉的媒体。

A.存储媒体　　B.表现媒体

C.感觉媒体　　D.表示媒体

56.按照光驱在计算机上的安装方式，光驱一般可分为（　　）。

A.内置式和外置式　　B.只读和可擦写光驱

C.CD 和 DVD 光驱　　D.3.5 和 5.25 英寸光驱

57.以下(　　)功能不是声卡应具有的功能。

A.具有与 MIDI 设备和 CD-ROM 驱动器的连接功能

B.合成和播放音频文件

C.压缩和解压缩音频文件

D.编辑加工视频和音频数据

58.下列设备中,(　　)不是多媒体计算机常用的图像输入设备。

A.数码照相机　　B.彩色扫描仪

C.键盘　　D.彩色摄像机

59.下列硬件设备中,(　　)不是多媒体硬件系统必须包括的设备。

A.计算机最基本的硬件设备　　B.CD-ROM

C.音频输入、输出和处理设备　　D.多媒体通信传输设备

60.下列选项中,不属于多媒体的媒体类型的是(　　)。

A.程序　　B.图像　　C.音频　　D.视频

61.下列各项中,(　　)不是常用的多媒体信息压缩标准。

A.JPEG 标准　　B.MP3 压缩

C.LWZ 压缩　　D.MPEG 标准

62.用 WinRAR 软件创建自解压文件时,文件的后缀名为(　　)。

A.EXE　　B.RAR　　C.ZIP　　D.ARJ

63.(　　)不是多媒体技术的典型应用。

A.计算机辅助教学(CAI)　　B.娱乐和游戏

C.视频会议系统　　D.计算机支持协同工作

64.多媒体技术中使用数字化技术与模拟方式相比,不是数字化技术专有特点的是(　　)。

A.经济,造价低

B.数字信号不存在衰减和噪音干扰问题

C.数字信号在复制和传送过程中不会因噪音的积累而产生衰减

D.适合数字计算机进行加工和处理

65.不属于计算机多媒体功能的是(　　)。

A.收发电子邮件　　B.播放 VCD

C.播放音乐　　D.播放视频

66.多媒体技术能处理的对象包括字符、数值、声音和(　　)数据。

A.图像　　B.电压　　C.磁盘　　D.电流

67.描述多媒体计算机较为全面的说法的一项是(　　)。

A.带有视频处理和音频处理功能的计算机

B.带有 CD-ROM 的计算机

C.可以存储多媒体文件的计算机

D.可以播放 CD 的计算机

68.多媒体计算机处理的信息类型以下说法中最全面的一项是(　　)。

A.文字,数字,图形,音频　　B.文字,数字,图形,图像,音频,视频,动画

C.文字,数字,图形,图像　　D.文字,图形,图像,动画

69.只读光盘 CD-ROM 属于(　　)。

A.表现媒体　　B.存储媒体　　C.传播媒体　　D.通信媒体

70.多媒体信息在计算机中的存储形式是(　　)。

A.二进制数字信息　　B.十进制数字信息

C.文本信息　　D.模拟信号

71.以下有关多媒体计算机说法错误的一项是(　　)。

A.多媒体计算机包括多媒体硬件和多媒体软件系统

B.Windows 7 不具备多媒体处理功能

C.Windows XP 是一个多媒体操作系统

D.多媒体计算机一般有各种媒体的输入输出设备

72.下列有关 DVD 光盘与 VCD 光盘的描述中,错误的一项是(　　)。

A.DVD 光盘的图像分辨率比 VCD 光盘高

B.DVD 光盘的图像质量比 VCD 光盘好

C.DVD 光盘的记录容量比 VCD 光盘大

D.DVD 光盘的直径比 VCD 光盘大

73.声卡是多媒体计算机处理(　　)的主要设备。

A.音频与视频　　B.动画　　C.音频　　D.视频

74.下列关于 CD-ROM 光盘的描述中,不正确的是(　　)。

A.容量大　　B.寿命长

C.传输速度比硬盘慢　　D.可读可写

75.多媒体计算机中的"多媒体"是指(　　)。

A.文本、图形、声音、动画和视频及其组合的载体

B.一些文本的载体

C.一些文本与图形的载体

D.一些声音和动画的载体

76.多媒体和电视的区别在于(　　)。

A.有无声音　　B.有无图像

C.有无动画　　D.交互性

77.关于使用触摸屏的说法正确的一项是(　　)。

A.用手指操作直观、方便　　B.操作简单,无须学习

C.交互性好，简化了人机接口　　D.全部正确

78.CD-ROM 可以存储(　　)。

A.文字　　B.图像

C.声音　　D.文字、声音和图像

79.能够处理各种文字、声音、图像和视频等多媒体信息的设备是(　　)。

A.数码照相机　　B.扫描仪

C.多媒体计算机　　D.光笔

80.多媒体计算机中除了通常计算机的硬件外，还必须包括(　　)四个硬件。

A.CD-ROM 、音频卡、MODEM、音箱　　B.CD-ROM、音频卡、视频卡、音箱

C.MODEM、音频卡、视频卡、音箱　　D.CD-ROM、MODEM 、视频卡、音箱

81.下列设备中，多媒体计算机所特有的设备是(　　)。

A.打印机　　B.鼠标器　　C.键盘　　D.视频卡

82.与传统媒体相比，多媒体的特点有(　　)。

A.数字化、结合性、交互性、分时性　　B.现代化、结合性、交互性、实时性

C.数字化、集成性、交互性、实时性　　D.现代化、集成性、交互性、分时性

83.在多媒体计算机系统中，不能用以存储多媒体信息的是(　　)。

A.磁带　　B.光缆　　C.磁盘　　D.光盘

84.只要计算机配有(　　)驱动器，就可以使用 CD 播放器播放 CD 唱盘。

A.软驱　　B.CD-ROM　　C.硬盘　　D.USB

85.(　　)是对数据重新进行编码，以减少所需存储空间的通用术语。

A.数据编码　　B.数据展开　　C.数据压缩　　D.数据计算

86.有些类型的文件因为它们本身就是以压缩格式存储的，因而很难进行压缩，例如(　　)。

A.WAV 音频文件　　B.BMP 图像文件

C.视频文件　　D.JPG 图像文件

87.利用 WinRAR 进行解压缩时，以下方法不正确的一项是(　　)。

A.用“Ctrl ＋ 鼠标左键”选择不连续对象，用鼠标左键直接拖到资源管理器中

B.用“Shift ＋鼠标左键” 选择连续多个对象，用鼠标左键拖到资源管理器中

C.在已选的文件上点击鼠标右键，选择相应的释放目录

D.在已选的文件上点击鼠标左键，选择相应的释放目录

88.(　　)是指压缩文件自身可进行解压缩，而不需借助其他软件。

A.自压缩文件　　B.自解压文件

C.自加压文件　　D.自运行文件

89.有关 WINRAR 软件说法错误的一项是(　　)。

A.WINRAR 默认的压缩格式是 RAR，它的压缩率比 ZIP 格式高出 10％～30％

B.WINRAR 可以为压缩文件制作自解压文件

C.WINRAR 不支持 ZIP 类型的压缩文件

D.WINRAR 可以制作带口令的压缩文件

90.下列说法正确的一项是(　　)。

A.音频卡本身具有语音识别的功能

B.文件压缩和磁盘压缩的功能相同

C.多媒体计算机的主要特点是具有较强的音、视频处理能力

D.彩色电视信号就属于多媒体的范畴

91.下列文件(　　)是音频文件。

A.神话.mpeg　　B.神话.asf

C.神话.rm　　D.神话.mp3

92.计算机的声卡所起的作用是(　　)。

A.数/模、模/数转换　　B.图形转换

C.压缩　　D.显示

93.以下类型的图像文件中,(　　)是没经过压缩的。

A.JPG　　B.GIF　　C.TIF　　D.BMP

94.人工合成制作的电子数字音乐文件是(　　)。

A.MIDI.mid 文件　　B.WVA.wav 文件

C.MPEG.mpl 文件　　D.RA.ra 文件

95.在声音的数字化处理过程中,当(　　)时,声音文件最大。

A.采样频率高,量化精度低

B.采样频率高,量化精度高

C.采样频率低,量化精度低

D.采样频率低,量化精度高

项目5　Windows 7 基础操作

1.用快捷键切换中英文输入方法时按(　　)键。

A.Ctrl＋空格　　B.Shift＋空格

C.Ctrl＋Shift　　D.Alt＋Shift

2.在 Windows 7 中,显示在窗口最顶部的称为(　　)。

A.标题栏　　B.信息栏　　C.菜单栏　　D.工具栏

3.如果在 Windows 7 的资源管理底部没有状态栏,那么要增加状态栏的操作是(　　)。

A.单击“编辑”中的“状态栏”命令　　B.单击“查看”中的“状态栏”命令

C.单击“工具”中的“状态栏”命令　　D.单击“文件”中的“状态栏”命令

4.Windows 7 中将信息传送到剪贴板不正确的方法是(　　)。

A.用“复制”命令把选定的对象送到剪贴板

B.用“剪切”命令把选定的对象送到剪贴板

C.用“Ctrl＋V”把选定的对象送到剪贴板

D.“Alt＋PrintScreen”把当前窗口送到剪贴板

5.在 Windows 7 的回收站中,可以恢复(　　)。

A.从硬盘中删除的文件或文件夹　　B.从软盘中删除的文件或文件夹

C.剪切掉的文档　　D.从光盘中删除的文件或文件夹

6.在 Windows 7 中,下面关于“开始”说法错误的一项是(　　)。

A.在 Windows 7 中,用户可以对“开始”菜单上的程序和文件具有更多控制

B.在 Windows 7 中,“开始”菜单中不能显示“最近使用的项目”的列表

C.在 Windows 7 中,用户可以将程序快捷方式锁定到“开始”菜单的顶部

D.在 Windows 7 中,可以通过“开始”菜单关闭计算机

7.在 Windows 7 中,“粘贴”的快捷键(　　)。

A.Ctrl＋V　　B.Ctrl＋A　　C.Ctrl＋X　　D.Ctrl＋C

8.在 Windows 7 资源管理器操作中,当打开一个子目录后,全部选中其中内容的快捷键(　　)。

A.Ctrl＋C　　B.Ctrl＋A　　C.Ctrl＋X　　D.Ctrl＋V

9.在 Windows 7 中,按下(　　)键并拖曳某一文件夹到另一文件夹中,可完成对该程序项的复制操作。

A.Alt　　B.Shfit　　C.空格　　D.Ctrl

10.在 Windows 7 中，按住鼠标器左键同时移动鼠标器的操作称为(　　)。

A.单击　　B.双击　　C.拖曳　　D.启动

11.在 Windows 7 中，(　　)窗口的大小不可改变。

A.应用程序　　B.文档　　C.对话框　　D.活动

12.在 Windows 7 中，连续两次快速按下鼠标器左键的操作称为(　　)。

A.单击　　B.双击　　C.拖曳　　D.启动

13.在 Windows 7 提供了一种 DOS 下所没有的(　　)技术，以方便进行应用程序间信息的复制或移动等信息交换。

A.编辑　　B.拷贝　　C.剪贴板　　D.磁盘操作

14.在 Windows 7 中，利用鼠标器拖曳(　　)的操作，可缩放窗口大小。

A.控制框　　B.对话框　　C.滚动框　　D.边框

15.Windows 7 是一种(　　)。

A.操作系统　　B.字处理系统　　C.电子表格系统　　D.应用软件

16.在 Windows 7 中，从 Windows 窗口方式切换到 MS-DOS 方式以后，再返回到 Windows 窗口方式下，应该键入(　　)命令后按回车键。

A.Esc　　B.Exit　　C.Cls　　D.Windows

17.在 Windows 7 中，将某一程序项移动到一打开的文件夹中，应(　　)。

A.单击鼠标左键　　B.双击鼠标左键

C.拖曳　　D.单击或双击鼠标右键

18.在 Windows 7 中，不能通过使用(　　)的缩放方法将窗口放到最大。

A.控制按钮　　B.标题栏　　C.最大化按钮　　D.边框

19.在 Windows 7 中，快速按下并释放鼠标器左键的操作称为(　　)。

A.单击　　B.双击　　C.拖曳　　D.启动

20.在 Windows 7 中，(　　)颜色的变化可区分活动窗口和非活动窗口。

A.标题栏　　B.信息栏　　C.菜单栏　　D.工具栏

21.在 Windows 7 中，(　　)部分用来显示应用程序名、文档名、目录名、组名或其他数据文件名。

A.标题栏　　B.信息栏　　C.菜单栏　　D.工具栏

22.对 Windows 7 的窗口的说法不正确的一项是(　　)。

A.使用窗口右上侧的搜索框，可以进行文件或文件夹的搜索

B.使用窗口上的地址栏可以导航至不同的文件夹或库，或返回上一文件夹或库

C.使用窗口左侧导航窗格可以查看最近访问的位置

D.窗口显示的文件只能显示图标，不能显示缩略图

23.把 Windows 7 的窗口和对话框作一比较，窗口可以移动和改变大小，而对话框(　　)。

A.既不能移动，也不能改变大小　　B.仅可以移动，不能改变大小

C.仅可以改变大小,不能移动　　D.既可移动,也能改变大小

24.在 Windows 7 中,允许同时打开(　　)应用程序窗口。

A.一个　　B.两个　　C.多个　　D.十个

25.在 Windows 7 中,利用 Windows 下的(　　),可以建立、编辑文档。

A.剪贴板　　B.记事本　　C.资源管理器　　D.控制面板

26.在 Windows 7 中,将中文输入方式切换到英文方式,应同时按(　　)键。

A.Alt＋空格　　B.Ctrl＋空格

C.Shift＋空格　　D.Enter＋空格

27.在 Windows 7 中,回收站是(　　)。

A.内存中的一块区域　　B.硬盘上的一块区域

C.软盘上的一块区域　　D.高速缓存中的一块区域

28.Windows 7“任务栏”上的内容为(　　)。

A.当前窗口的图标　　B.已经启动并在执行的程序图标

C.所有运行程序的程序按钮　　D.已经打开的文件名

29.在 Windows 7 中,快捷方式的扩展名为(　　)。

A.sys　　B.bmp　　C.lnk　　D.ini

30.当单击 Windows 7 的“任务栏”的“开始”按钮时,“开始”菜单会显示出来,下面选项中通常会出现的是(　　)。

A.所有程序、启动、设置、查找、帮助和支持、注销、关机

B.所有程序、文档、计算机、搜索、帮助和支持、注销、资源管理器、关机

C.所有程序、文档、计算机、搜索、帮助和支持、重新启动、关机

D.所有程序、文档、设置、查找、帮助和支持、注销、关机

31.关于“开始”菜单,说法正确的一项是(　　)。

A.“开始”菜单的内容是固定不变的

B.可以在“开始”菜单的“程序”中添加应用程序,但不可以在“程序”菜单中添加

C.“开始”菜单和“程序”里面都可以添加应用程序

D.以上说法都不正确

32.在 Windows 7 中,当程序因某种原因陷入死循环,下列能较好地结束该程序的方法是(　　)。

A.按“Ctrl＋Alt＋Delete”键,然后选择“结束任务”结束该程序的运行

B.按“Ctrl＋Delete”键,然后选择“结束任务”结束该程序的运行

C.按“Alt＋Delete”键,然后选择“结束任务”结束该程序的运行

D.直接 Reset 计算机结束该程序的运行

33.当系统硬件发生故障或更换硬件设备时,为了避免系统意外崩溃应采用的启动方式为(　　)。

A.通常模式　　B.登录模式

C.安全模式　　D.命令提示模式

34.Windows 7 的“桌面”指的是(　　)。

A.某个窗口　　B.整个屏幕

C.某一个应用程序　　D.一个活动窗口

35.在 Windows 7 中在“键盘属性”对话框的“速度”选项卡中可以进行的设置为(　　)。

A.重复延迟、重复速度、光标闪烁速

B.重复延迟、重复率、光标闪烁频率、击键频率、

C.重复的延迟时间、重复率、光标闪烁频率

D.延迟时间、重复率、光标闪烁频率

36.Windows 7 中,对于“任务栏”的描述不正确的一项是(　　)。

A.Windows 7 允许添加工具栏到任务栏

B.利用“任务栏和开始菜单属性”对话框的“任务栏”选项卡提供的“锁定任务栏”可以决定是否改变任务栏的位置和大小

C.当“任务栏”是“自动隐藏”的属性时,正在运行其他程序时,“任务栏”不能显示

D.“任务栏”的大小是可以改变的

37.在 Windows 7 中,下列说法正确的一项是(　)。

A.单击“开始”按钮,显示开始菜单,删除“收藏夹”选项

B.通过控制面板可以清空“最近使用的项目”中的内容

C.只能通过“任务栏属性”对话框修改“开始菜单程序”

D.“开始”|“最近使用的项目”中的内容是最近使用的若干个文件,因此“最近使用的项目”内的内容,计算机自动更新,不能被清空

38.在 Windows 7 中关于“开始”菜单,下面说法正确的一项是(　　)。

A.“开始”菜单中的所有内容都是计算机自己自动设定的,用户不能修改其中的内容

B.“开始”菜单中的所有选项都可以移动和重新组织

C.“开始”菜单绝大部分都是可以定制的,但出现在菜单第一级的大多数选项不能被移动和重新组织,如“关机”等

D.给“开始”|“程序”菜单添加以及组织菜单项都只能从“文件夹”窗口拖入文件

39.在 Windows 7 资源管理器中,按(　　)键可删除文件。

A.F7　　B.F8　　C.Esc　　D.Delete

40.在 Windows 7 资源管理器中,改变文件属性应选择【文件】菜单项中的(　　)命令。

A.运行　　B.搜索　　C.属性　　D.选定文件

41.在 Windows 7 资源管理器中,单击第一个文件名后,按住(　　)键,再单击最后一个文件,可选定一组连续的文件。

A.Ctrl　　B.Alt　　C.Shift　　D.Tab

42.在 Windows 7 资源管理器中,【编辑】菜单项中的“剪切”命令(　　)。

A.只能剪切文件夹　　B.只能剪切文件

C.可以剪切文件或文件夹　　D.无论怎样都不能剪切系统文件

43.在 Windows 7 资源管理器中,创建新的子目录,应选择(　　)项中的“新建”下的“文件夹”命令。

A.文件　　B.编辑　　C.工具　　D.查看

44.在 Windows 7 中,单击资源管理器中的(　　)菜单项,可显示提供给用户使用的各种帮助命令。

A.文件　　B.选项　　C.窗口　　D.帮助

45.在 Windows 7 资源管理器中,当删除一个或一组目录时,该目录或该目录组下的(　　)将被删除。

A.文件　　B.所有子目录

C.所有子目录及其所有文件　　D.所有子目录下的所有文件(不含子目录)

46.在 Windows 7 中,选定某一文件夹,选择执行【文件】菜单项的“删除”命令,则(　　)。

A.只删除文件夹而不删除其内的程序项

B.删除文件夹内的某一程序项

C.删除文件夹内的所有程序项而不删除文件夹

D.删除文件夹及其所有程序项

47.在 Windows 7 资源管理器中,若想格式化一张磁盘,应选(　　)命令。

A.在“文件”菜单项中,选择“格式化”命令

B.在资源管理器中根本就没有办法格式化磁盘

C.右键单击磁盘图标,在弹出的快捷菜单中选择“格式化”命令

D.在“编辑”菜单项中选择“格式化磁盘”命令

48.在 Windows 7 中使用“资源管理器”时,激活状态栏的步骤是(　　)。

A.“资源管理器”→“查看”→“状态栏”　　B.“资源管理器”→“工具”→“状态栏”

C.“资源管理器”→“编辑”→“状态栏”　　D.“资源管理器”→“文件”→“状态栏”

49.在 Windows 7 资源管理器中,单击第一个文件名后,按住(　　)键,再单击另外一个文件,可选定一组不连续的文件。

A.Ctrl　　B.Alt　　C.Shift　　D.Tab

50.在 Windows 7 的资源管理器窗口中,(　　)显示当前目录窗口被选磁盘的可用空间和总容量、信息、当前被选目录中的文件总数和所占用的空间等信息。

A.标题栏　　B.菜单栏　　C.状态栏　　D.工具栏

51.在 Windows 7 的资源管理器中,选择执行【文件】菜单项中的(　　)命令,可删除文件夹或程序项。

A.新建　　B.复制　　C.移动　　D.删除

52.在 Windows 7 资源管理器中,选定文件或目录后,拖曳到指定位置,可完成对文件或子目录的(　　)操作。

A.复制　　B.移动或复制

C.重命名　　D.删除

53.在 Windows 7 中,切换不同的汉字输入法,应同时按下(　　)键。

A.Ctrl+Shift　　B.Ctrl+Alt

C.Ctrl+空格　　D.Ctrl+Tab

54.在 Windows 7 中下面关于打印机说法错误的一项是(　　)。

A.每一台安装在系统中的打印机都在 Windows 7 的“设备和打印机”文件夹中有一个记录

B.任何一台计算机都只能安装一台打印机

C.一台计算机上可以安装多台打印机

D.要查看已经安装的打印机,可以通过选择“开始”|“设备和打印机”,打开设备和打印机文件夹

55.在 Windows 7 中安装一台打印机,说法不正确的一项是(　　)。

A.若安装打印机出现问题,可以右键单击带有黄色警告图标的打印机,单击“疑难解答”,等待疑难解答尝试检测问题

B.通过“开始”|“设备和打印机”打开设备和打印机文件夹,双击“添加打印机”图标,添加打印机

C.在安装打印机的过程中,最好不要厂商带打印驱动程序,因为所有的打印机驱动 Windows 系统自带

D.一台计算机可以安装网络打印机和本地打印机

56.在 Windows 7 中下面说法正确的一项是(　　)。

A.每台计算机可以有多个默认打印机

B.如果一台计算机安装了两台打印机,这两台打印机都可以不是默认打印机

C.每台计算机如果已经安装了打印机,则必有一个也仅仅有一个默认打印机

D.默认打印机是系统自动产生的,用户不用更改

57.在 Windows 7 中 MIDI 是(　　)。

A.一种特殊的音频数据类型

B.以特定格式存储图象的文件类型

C.控制 Windows 7 播放 VCD 的驱动程序

D.一种特定类型的窗口

58.打印机是一种(　　)。

A.输出设备　　B.输入设备　　C.存储器　　D.运算器

59.计算机显示器的性能参数中,1024×768 表示(　　)。

A.显示器大小　　B.显示字符的行列数
C.显示器的分辨率　　D.显示器的颜色最大值

60.下列叙述中,错误的一项是(　　)。
A.把数据从内存传输到硬盘叫写盘
B.把源程序转换为目标程序的过程叫编译
C.应用软件需要操作系统的支持才能工作
D.计算机内部使用十六进制数表示数据和指令

61.计算机键盘上的 Shift 键称为(　　)。
A.控制键　　B.上档键　　C.退格键　　D.换行键

62.计算机键盘上的 Esc 键的功能一般是(　　)。
A.确认　　B.取消　　C.控制　　D.删除

63.键盘上的(　　)键是控制键盘输入大小写切换的。
A.Shift　　B.Ctrl
C.NumLock　　D.Caps Lock

64.下列(　　)键用于删除光标后面的字符。
A.Delete　　B.→　　C.Insert　　D.BackSpace

65.下列(　　)键用于删除光标前面的字符。
A.Delete　　B.→　　C.Insert　　D.BackSpace

66.用于插入/改写编辑方式切换的键是(　　)。
A.Ctrl　　B.Shift　　C.Alt　　D.Insert

67.一般情况下调整显示器的(　　),可减少显示器屏幕图像的闪烁或抖动。
A.显示分辨率　　B.屏幕尺寸
C.灰度和颜色　　D.刷新频率

68.常用打印机中,印字质量最好的打印机是(　　)。
A.激光打印机　　B.针式打印机
C.喷墨打印机　　D.热敏打印机

69.USB 是 Universal Serial Bus 的英文缩写,中文名称为“通用串行总线”。一个 USB 接口可以支持(　　)设备。
A.一种　　B.两种　　C.多种　　D.以上三者

70.硬盘工作时应特别注意避免(　　)。
A.噪声　　B.日光　　C.潮湿　　D.震动

项目6 Word 2010软件应用

1.下面不能使用Word 2010可以打开的文件类型是（　　）。

A.TXT　　B.DOC　　C.EXE　　D.DOCX

2.在Word 2010窗口的编辑区，闪烁的一条竖线表示（　　）。

A.鼠标图标　　B.光标位置　　C.拼写错误　　D.按纽位置

3.在Word 2010文档中将光标移到本行行首的快捷键（　　）。

A.PageUp　　B.Ctrl＋Home　　C.Home　　D.End

4.在Word 2010功能区下侧有“”符号，表示（　　）。

A.该符号不能执行　　B.单击该符号后，会弹出一个“对话框”

C.该符号已执行　　D.该符号后有级联菜单

5.在Word 2010中，如果要选取某一个自然段落，可将鼠标指针移到该段落区域内（　　）。

A.单击　　B.双击

C.三击鼠标左键　　D.右击

6.在Word 2010操作时，需要删除一个字，当光标在该字的前面，应按（　　）。

A.删除键　　B.空格键　　C.退格键　　D.回车键

7.在Word 2010操作过程中能够显示总页数、节号、页号、页数等信息的是（　　）。

A.状态栏　　B.菜单栏

C.常用工具栏　　D.格式工具栏

8.在Word 2010中，下列内容在大纲视图下可看到的是（　　）。

A.文字　　B.页脚　　C.自选图形　　D.页眉

9.在Word 2010中，下列关于文档窗口的说法中正确的一项是（　　）。

A.只能打开一个文档窗口

B.可以同时打开多个文档窗口，被打开的窗口都是活动窗口

C.可以同时打开多个文档窗口，但其中只有一个是活动窗口

D.可以同时打开多个文档窗口，但在屏幕上只能见到一个文档的窗口

10.在Word 2010中默认的图文环绕方式是（　　）。

A.四周型　　B.嵌入型

C.上下型环绕　　D.紧密型环绕

11.在Word 2010中，“页码”格式是在（　　）对话框中设置。

A.页面设置　　B.页眉和页脚

C.页码格式　　D.段落格式

12.在 Word 2010 的编辑状态,要想为当前文档中的文字设定上标、下标效果,应当使用“开始”功能区中的(　　)。

A.“字体”命令　　B.“段落”命令

C.“分栏”命令　　D.“样式”命令

13.在 Word 2010 中,设置文件默认保存类型为“Word 97-2003 文档”的操作正确的一项是(　　)。

A.单击“文件”功能区,选择“另存为”,保存类型选择“Word97-2003 文档”

B.单击“文件”功能区,直接单击“保存”

C.单击“文件”功能区,“另存为”,直接单击保存

D.单击“文件”功能区,“选项”,“保存”,设置保存文档,将文件保存为此格式:“Word97-2003 文档”

14.Word 2010 具有分栏的功能,下列关于分栏的说法中正确的一项是(　　)。

A.最多可以设 4 栏　　B.各栏的栏宽必须相等

C.各栏的宽度可以不同　　D.各栏之间的间距是固定的

15.在 Word 2010,“插入”的形状里的矩形工具,按住(　　)按钮可绘制正方形。

A.Ctrl　　B.Alt　　C.Shift　　D.Enter

16.在 Word 2010 环境下,不可以在同一行中设定为(　　)。

A.单倍行距　　B.双倍行距

C.1.5 倍行距　　D.单、双混合行距

17.在 Word 2010 中对某些已正确存盘的文件,在打开文件的列表框中却不显示,原因可能是(　　)。

A.文件被隐藏　　B.文件类型选择不对

C.文件夹的位置不对　　D.以上三种情况均正确

18.在 Word 2010 中可以像在资源管理器中那样复制和移动文件 。只要打开“打开”对话框,选定要复制和移动的文件后,使用(　　)。

A.工具栏上的“组织”中的复制、剪切和粘贴按钮进行操作

B.右键快捷菜单中的复制、剪切和粘贴命令进行操作

C.以上两种操作都行

D.菜单条上的复制、剪切和粘贴命令进行操作以上三种操作都不行

19.以下有关 Word 2010 页面显示的说法不正确的一项有(　　)。

A.在打印预览状态仍然能进行插入表格等编辑工作

B.在打印预览状态可以查看标尺

C.多页显示只能在打印预览状态中实现

D.在页面视图中可以拖动标尺改变边距

20.有关 Word 2010“首字下沉”命令的说法正确的一项是（　　）。

A.只能悬挂下沉

B.可以下沉三行字的位置

C.只能下沉三行

D.以上都正确

21.在 Word 2010 编辑状态下，打开了 MyDoC.DOC 文档，若要把编辑后的文档以文件名“W1.htm”存盘，可以执行“文件”功能区中的（　　）命令。

A.保存　　B.另存为

C.全部保存　　D.另存为 HTML

22.在 Word 2010 中进行“段落设置”，如果设置“右缩进 1 厘米”，则其含义是（　　）。

A.对应段落的首行右缩进 1 厘米

B.对应段落除首行外，其余行都右缩进 1 厘米

C.对应段落的所有行在右页边距 1 厘米处对齐

D.对应段落的所有行都右缩进 1 厘米

23.在 Word 2010 的编辑状态，文档窗口显示出水平标尺，拖动水平标尺上沿的“首行缩进”滑块，则（　　）。

A.文档中各段落的首行起始位置都重新确定

B.文档中被选择的各段落首行起始位置都重新确定

C.文档中各行的起始位置都重新确定

D.插入点所在行的起始位置被重新确定

24.在 Word 2010 中的“制表位”是用于（　　）。

A.制作表格　　B.光标定位

C.设定左缩进　　D.设定右缩进

25.在下面（　　）功能区下可以找到“分栏”命令。

A.页面布局　　B.插入　　C.开始　　D.视图

26.Word 2010 使用模板创建文档的过程是，选择（　　），然后选择模板名。

A.“文件”—“打开”　　B.“工具”—“选项”

C.“格式”—“样式”　　D.“文件”—“新建”

27.新建一个 Word 2010 文档，默认的段落样式为（　　）。

A.正文　　B.普通　　C.目录　　D.标题

28.Word 2010 插入点是指（　　）。

A.当前光标的位置　　B.出现在页面的左上角

C.文字等对象的插入位置　　D.在编辑区中的任意一个点

29.当用户输入错误的或系统不能识别的文字时，Word 2010 会在文字下面以（　　）标注。

A.红色直线　　B.红色波浪线

C.绿色直线　　D.绿色波浪线

30.当用户输入的文字可能出现(　　)时,Word 2010 会用绿色波浪线在文字下面标注。

A.错误文字　　B.不可识别的文字

C.语法错误　　D.中英文互混

31.在 Word 2010 中进行文字校对时正确的操作是(　　)。

A.单击"工具"—"选项"　　B.单击"格式"—"字体"

C.单击"格式"—"样式"　　D.单击"审阅"—"拼写和语法"

32.在 Word 2010 中,下面关于快速访问工具栏的说法不正确的一项是(　　)。

A.快速访问工具栏位于窗口左上角,包含一些常用命令,例如"保存"和"撤消"。

B.用户可以添加个人常用命令到快速访问工具栏。

C.快速访问工具栏包含的命令是固定的,不能添加和删除。

D.可以将"全部保存"的命令添加到快速访问工具栏。

33.在 Word 2010 中不能关闭文档的操作是(　　)。

A.单击"文件"—"关闭"　　B.单击窗口的关闭按钮

C.单击"文件"—"另存为"　　D.单击"文件"—"退出"

34.Word 2010"窗口"顶部显示的文件名所对应的文件是(　　)。

A.曾经被操作过的文件　　B.当前打开的所有文件

C.最近被操作过的文件　　D.扩展名为. doc 的所有文件

35.在 Word 2010 的编辑状态下,可以同时显示水平标尺和垂直标尺的视图模式是(　　)。

A.草稿视图　　B.页面视图

C.大纲视图　　D.阅读版式视图

36.在 Word 2010 中选择(　　)功能区,可将当前视图切换成阅读版式图浏览方式。

A."视图"—"页眉和页脚"　　B."视图"—"页面"

C."视图"—"阅读版式图"　　D."视图"—"显示比例"

37.在 Word 2010 中选择(　　)功能区,可将视图模式切换成 Web 版式视图。

A."文件"—"页面设置"　　B."文件"—"版本"

C."视图"—"Web 版式视图"　　D."文件"—"Web 页预览"

38.在 Word 2010 中更改文字方向命令的作用范围是(　　)。

A.光标所在处　　B.所选文字或整篇文档

C.只能整篇文档　　D.整段文章

39.在 Word 2010 中,下列选项不能移动光标的是(　　)。

A.Ctrl+Home　　B.↑　　C.Ctrl+A　　D.PageUp

40.在 Word 2010 中按(　　)键可将光标快速移至文档的开端。

A.Ctrl+Home　　B.Ctrl+End

C.Ctrl+Shift+End　　D.Ctrl+Shift+Home

41.在 Word 2010 中当用户需要选定任意数量的文本时，可以按下鼠标从所要选择的文本上拖过；另一种方法是在所要选择文本的起始处单击鼠标，然后按下（　　）键，在所要选择文本的结尾处再次单击。

A.Shift　　B.Ctrl　　C.Alt　　D.Tab

42.Word 2010 中当用户在输入文字时，在（　　）模式下，随着输入新的文字，后面原有的文字将会被覆盖。

A.插入　　B.改写　　C.自动更正　　D.断字

43.Word 2010 中下列操作不能实现复制的是（　　）。

A.先选定文本，按 Ctrl＋C 键后，再到插入点按 Ctrl＋V 键

B.选定文本，单击“编辑”—“复制”后，将光标移动到插入点，单击工具栏上的“粘贴”按钮

C.选定文本，按住 Ctrl 键，同时按住鼠标左键，将光标移到插入点

D.选定文本，按住鼠标左键，移到插入点

44.Word 2010 中按住（　　）键的同时拖动选定的内容到新位置可以快速完成复制操作。

A.Ctrl　　B.Alt　　C.Shift　　D.Del

45.下列选项中不属于 Word 2010 段落对话框中所提供的功能的是（　　）。

A.“缩进”用于设置段落缩进

B.“间距”用于设置每一句的距离

C.“特殊格式”用于设置段落特殊缩进格式

D.“行距”用于设置本段落内的行间距

46.在 Word 2010 中设置字符的字体、字形、字号及字符颜色、效果等，应该选择“开始”功能区中的（　　）进行设置。

A.段落　　B.字体

C.字符间距　　D.文字效果

47.Word 2010 文字的阴影、空心、阳文、阴文格式中，（　　）和（　　）可以双选，（　　）和（　　）只可单选。

A.阴影，空心；阳文，阴文　　B.阴影，阳文；空心，阴文

C.空心，阳文；阴影，阴文　　D.以上都不对

48.在 Word 2010 中，已复制了一些文字，下列操作只能够粘贴文字内容的一项是（　　）

A.右键，“粘贴选项”，单击“合并格式 ”

B.右键，“粘贴选项”，单击“保留源格式 ”

C.右键，“粘贴选项”，单击“只保留文本 ”

D.以上操作都不正确

49.在 Word 2010 的图片编辑功能中，下列描述不正确的一项是（　　）

A.使用 Word 2010 的图片编辑功能可以删除图片背景

B.Word 2010 的图片编辑功能包含多种截图模式，特别是会自动缓存当前打开窗口的截

图，点击一下鼠标就能插入文档中

C.在 Word 2010 的图片编辑功能中，可以对图片进行锐化或柔化、调整图片的对比度和亮度等

D.Word 2010 的图片编辑功能强大，可以替代专业图片软件 Photoshop

项目7 Excel 2010 软件应用

1.在 Excel 2010 中图表中的大多数图表项(　　)。

A.固定不动　　B.不能被移动或调整大小

C.可被移动或调整大小　　D.可被移动,但不能调整大小

2.在 Excel 2010 中删除工作表中对图表有链接的数据时,图表中将(　　)。

A.自动删除相应的数据点

B.必须用编辑删除相应的数据点

C.不会发生变化

D.被复制

3.在 Excel 2010 中数据标示被分组成数据系列,然后每个数据系列由(　　)颜色或图案(或两者)来区分。

A.任意　　B.两个　　C.三个　　D.唯一的

4.在工作表中选定生成图表用的数据区域后,能用(　　)插入图表。

A.单击“插入”功能区,单击“图表”功能区的“柱形图”命令按钮

B.选择右键快捷菜单的“插入”命令

C.单击“插入”功能区,单击“图表”功能区的对话框标识

D.按 F11 功能键

5.在 Excel 2010 中,已生成图表,编辑图例项(系列)名称可以通过(　　)实现。

A.在图例上右键,“更改图表类型”

B.在图例上右键,“选择数据”

C.在图例上右键,“设置图例格式”

D.在图例上右键,“重设以匹配样式”

6.在工作表中插入图表最主要的作用是(　　)。

A.更精确地表示数据　　B.使工作表显得更美观

C.更直观地表示数据　　D.减少文件占用的磁盘空间

7.Excel 2010 是属于下面(　　)软件中的一部分。

A.Windows　　B.Microsoft Office　　C.UCDOS　　D.FrontPage

8.Excel 2010 广泛应用于(　　)。

A.统计分析、财务管理分析、股票分析和经济、行政管理等各个方面

B.工业设计、机械制造、建筑工程

C.美术设计、装潢、图片制作等各个方面

D.多媒体制作

9.Excel 2010 的三个主要功能是(　　)、图表、数据库。

A.电子表格　　B.文字输入　　C.公式计算　　D.公式输入

10.关于 Excel 2010,下面选项中,说法错误的一项是(　　)。

A.Excel 2010 是表格处理软件

B.Excel 2010 不具有数据库管理能力

C.Excel 2010 具有报表编辑、分析数据、图表处理、连接及合并等能力

D.在 Excel 2010 中可以利用宏功能简化操作

11.关于启动 Excel 2010,下面说法错误的一项是(　　)。

A.单击 Office 快捷工具栏上的“Excel 2010”图标

B.通过 Windows 的“开始”/“程序”选择“Microsoft Excel 2010”选项启动

C.通过“开始”中的“运行”,运行相应的程序启动 Excel 2010

D.上面三项都不能启动 Excel 2010

12.退出 Excel 2010 软件的方法正确的一项是(　　)。

A.单击 Excel 2010 的图标　　B.单击“文件”功能区,“退出”

C.使用最小化按钮　　D.单击“文件”功能区,“关闭文件”

13.Excel 2010 应用程序窗口最下面一行称作状态栏,当输入数据时,状态栏显示(　　)。

A.就绪　　B.输入　　C.编辑　　D.等待

14.一个 Excel 2010 文档对应一个(　　)。

A.工作簿　　B.工作表　　C.单元格　　D.一行

15.Excel 2010 环境中,用来储存并处理工作表数据的文件称为(　　)。

A.单元格　　B.工作区　　C.工作簿　　D.工作表

16.Excel 2010 工作簿文件的默认扩展名是(　　)。

A.DOT　　B.DOCX　　C.EXL　　D.XLSX

17.Excel 2010 将工作簿的工作表的名称放置在(　　)。

A.标题栏　　B.标签行　　C.工具栏　　D.信息行

18.首次进入 Excel 2010 打开的第一个工作簿的名称默认为(　　)。

A.文档 1　　B.Book1　　C.Sheet1　　D.未命名

19.以下关于 Excel 2010 的叙述中,正确的一项是(　　)。

A.Excel 2010 将工作簿的每一张工作表分别作为一个文件来保存

B.Excel 2010 允许同时打开多个工作簿文件进行处理

C.Excel 2010 的图表必须与生成该图表的有关数据处于同一张工作表上

D.Excel 2010 工作表的名称由文件决定

20.在 Excel 2010 中我们直接处理的对象称为工作表,若干工作表的集合称为(　　)。

A.工作簿　　B.文件　　C.字段　　D.活动工作簿

21.Excel 2010 的一个工作簿文件中最多可以包含（　　）个工作表。

A.31　　B.63　　C.127　　D.255

22.关于工作表名称的描述，正确的一项是（　　）。

A.工作表名不能与工作簿名相同

B.同一工作簿中不能有相同名字的工作表

C.工作表名不能使用汉字

D.工作表名称的默认扩展名是 xls

23.在 Excel 2010 中要选定一张工作表，操作是（　　）。

A.选“窗口”菜单中该工作簿名称

B.用鼠标单击该工作表标签

C.在名称框中输入该工作表的名称

D.用鼠标将该工作表拖放到最左边

24.在 Excel 2010 工作薄中同时选择多个不相邻的工作表，可以按住（　　）键的同时依次单击各个工作表的标签。

A.Ctrl　　B.Alt　　C.Shift　　D.Esc

25.在 Excel 2010 中电子表格是一种（　　）维的表格。

A.一　　B.二　　C.三　　D.多

26.Excel 2010 工作表中的行和列数最多可有（　　）。

A.256 行、360 列　　B.1048576 行、16384 列

C.65536 行、256 列　　D.200 行、200 列

27.Excel 2010 工作表的最左上角的单元格的地址是（　　）。

A.AA　　B.11　　C.1A　　D.A1

28.在 Excel 2010 单元格内输入计算公式时，应在表达式前加一前缀字符（　　）。

A.左圆括号“(”　　B.等号“＝”

C.美元符号“$”　　D.单撇号“'”

29.在 Excel 2010 单元格内输入计算公式后按回车键，单元格内显示的是（　　）。

A.计算公式　　B.公式的计算结果

C.空白　　D.等号“＝”

30.在单元格中输入数字字符串 00080（邮政编码）时，应输入（　　）。

A.80　　B.″00080　　C.′00080　　D.00080′

31.Excel 2010 工作表最多有（　　）列。

A.65535　　B.16384　　C.254　　D.128

32.在 Excel 2010 中，若要对某工作表重新命名，可以采用（　　）。

A.单击工作表标签　　B.双击工作表标签

C.单击表格标题行　　D.双击表格标题行

33.Excel 2010 中的工作表是由行、列组成的表格,表中的每一格叫(　　)。

A.窗口格　　B.子表格　　C.单元格　　D.工作格

34.在 Excel 2010 中,下面关于单元格的叙述正确的一项是(　　)。

A.A4 表示第 4 列第 1 行的单元格

B.在编辑的过程中,单元格地址在不同的环境中会有所变化

C.工作表中每个长方形的表格称为单元格

D.为了区分不同工作表中相同地址的单元格地址,可以在单元格前加上工作表的名称,中间用"#"分隔

35.在 Excel 2010 的工作表中,(　　)操作不能实现。

A.调整单元格高度　　B.插入单元格

C.合并单元格　　D.拆分单元格

36.在 Excel 2010 的工作表中,有关单元格的描述,下面正确的一项是(　　)。

A.单元格的高度和宽度不能调整　　B.同一列单元格的宽度不必相同

C.同一行单元格的高度必须相同　　D.单元格不能有底纹

37.在 Excel 2010 中单元格地址是指(　　)。

A.每一个单元格　　B.每一个单元格的大小

C.单元格所在的工作表　　D.单元格在工作表中的位置

38.在 Excel 2010 中将单元格变为活动单元格的操作是(　　)。

A.用鼠标单击该单元格

B.在当前单元格内键入该目标单元格地址

C.将鼠标指针指向该单元格

D.没必要,因为每一个单元格都是活动的

39.在 Excel 2010 中活动单元格是指(　　)的单元格。

A.正在处理　　B.每一个都是活动

C.能被移动　　D.能进行公式计算

40.向 Excel 2010 工作表的任一单元格输入内容后,都必须确认后才认可。确认的方法不正确的一项是(　　)。

A.按光标移动键　　B.按回车键

C.单击另一单元格　　D.双击该单元格

41.若在工作表中选取一组单元格,则其中活动单元格的数目是(　　)。

A.一行单元格　　B.一个单元格

C.一列单元格　　D.等于被选中的单元格数目

42.在 Excel 2010 中按"Ctrl+End"键,光标移到(　　)。

A.行首　　B.工作表头

C.工作簿头　　D.工作表有效的右下角

43.在 Excel 2010 的单元格内输入日期时，年、月、日分隔符可以是（　　）。

A."/"或"—"　　B."、"或"|"　　C."/"或"\"　　D."\"或"."

44.在单元格中输入（　　），使该单元格显示 0.3。

A.6/20　　B.＝6/20　　C."6/20"　　D.＝"6/20"

45.某区域由 A1,A2,A3,B1,B2,B3 六个单元格组成。下列不能表示该区域的是（　　）。

A.A1:B3　　B.A3:B1　　C.B3:A1　　D.A1:B1

46.在 Excel 2010 中，单元格 B2 中输入（　　），使其显示为 1.2。

A.2 * 0.6　　B.2 * 0.6　　C.2 * 0.6　　D.＝2 * 0.6

47.普通 Excel 2010 文件的后缀是（　　）。

A..xlsx　　B..xlt　　C..xlw　　D..Excel 2010

48.在 Excel 2010 中，下列输入正确的公式形式是（　　）。

A.b2 * d3＋1　　B.sum(d1:d2)

C.＝sum(d1:d2)　　D.＝8x2

49.若在 Excel 2010 的 A2 单元中输入"＝8＋2"，则显示结果为（　　）。

A.10　　B.64　　C.110　　D.8＋2

50.若在 Excel 2010 的 A2 单元中输入"＝56＞＝57"，则显示结果为（　　）。

A.56＜57　　B.＝56＜57　　C.TRUE　　D.FALSE

51.在 Excel 2010 中，利用填充柄可以将数据复制到相邻单元格中，若选择含有数值的左右相邻的两个单元格，左键拖动填充柄，则数据将以（　　）填充。

A.等差数列　　B.等比数列

C.左单元格数值　　D.右单元格数值

52.单元格的数据类型不可以是（　　）。

A.时间型　　B.逻辑型　　C.备注型　　D.货币型

53.在 Excel 2010 中正确的算术运算符是（　　）等。

A.＋ － * / ＞＝　　B.＝ ＜＝ ＞＝ ＜＞

C.＋ － * /　　D.＋ － * / &

54.使用鼠标拖放方式填充数据时，鼠标的指针形状应该是（　　）。

A.╋　　B.I　　C.╫　　D.?

55.在 Excel 2010 工作单中用鼠标选择两个不连续的，但形状和大小均相同的区域后，用户不可以（　　）。

A.一次清除两个区域中的数据

B.一次删除两个区域中的数据，然后由相邻区域内容移来取代之

C.根据需要利用所选两个不连续区域的数据建立图表

D.将两个区域中的内容按原来的相对位置复制到不连续的另外两个区域中

56.在 Excel 2010 中用鼠标拖曳复制数据和移动数据在操作上（　　）。

A.有所不同,区别是:复制数据时,要按住 Ctrl 键

B.完全一样

C.有所不同,区别是:移动数据时,要按住 Ctrl 键

D.有所不同,区别是:复制数据时,要按住 Shift 键

57.在 Excel 2010 中,利用剪切和粘贴(　　)。

A.只能移动数据　　B.只能移动批注

C.只能移动格式　　D.能移动数据、批注和格式

58.利用 Excel 2010 的自定义序列功能建立新序列。在输入的新序列各项之间要用(　　)加以分隔。

A.全角分号　　B.全角逗号　　C.半角分号　　D.半角逗号

59.在 Excel 2010 的工作表中,要在单元格内输入公式时,应先输入(　　)。

A.单撇号　　B.等号＝　　C.美元符号 $　　D.感叹号!

60.在 Excel 2010 中,当公式中出现被零除的现象时,产生的错误值是(　　)。

A.＃N/A!　　B.＃DIV/0!　　C.＃NUM!　　D.＃VALUE!

61.Excel 2010 中,要在公式中使用某个单元格的数据时,应在公式中键入该单元格的(　　)。

A.格式　　B.批注　　C.条件格式　　D.名称

62.在 Excel 2010 中如果要修改计算的顺序,需把公式首先计算的部分括在(　　)内。

A.单引号　　B.双引号　　C.圆括号　　D.中括号

63.在 Excel 2010 中在某单元格中输入"＝－5＋6＊7",则按回车键后此单元格显示为(　　)。

A.－7　　B.77　　C.37　　D.－47

64.设 E1 单元格中的公式为＝A3＋B4,当 B 列被删除时,E1 单元格中的公式将调整为(　　)。

A.＝A3＋C4　　B.＝A3＋B4　　C.＝A3＋A4　　D.＃REF!

65.在 Excel 2010 中,假设 B1、B2、C1、C2 单元格中分别存放 1、2、6、9,SUM(B1:C2)和 AVERAGE(B1:C2)的值等于(　　)。

A.10,4.5　　B.10,10　　C.18,4.5　　D.18,10

66.在 Excel 2010 中参数必须用(　　)括起来,以告诉公式参数开始和结束的位置。

A.中括号　　B.双引号　　C.圆括号　　D.单引号

67.在 Excel 2010 的"公式"功能区中,"Σ"图标的功能是(　　)。

A.函数向导　　B.自动求和　　C.升序　　D.图表向导

68.在单元格中输入"＝MAX(B2:B8)",其作用是(　　)。

A.比较 B2 与 B8 的大小　　B.求 B2～B8 之间的单元格的最大值

C.求 B2 与 B8 的和　　D.求 B2～B8 之间的单元格的平均值

69.单元格 F3 的绝对地址表达式为(　　)。

A.$F3　　B.#F3　　C.$F$3　　D.F#3

70.在 Excel 2010 中引用两个区域的公共部分,应使用引用运算符(　　)。

A.冒号　　B.连字符　　C.逗号　　D.空格

71.在 Excel 2010 中,当某单元格中的数据被显示为充满整个单元格的一串"#####"时,说明(　　)。

A.其中的公式内出现 0 做除数的情况

B.显示其中的数据所需要的宽度大于该列的宽度

C.其中的公式内所引用的单元格已被删除

D.其中的公式内含有 Excel 2010 不能识别的函数

72.在 Excel 2010 的"开始"功能区中,","图标的功能是(　　)。

A.百分比样式　　B.小数点样式

C.千位分隔样式　　D.货币样式

73.在 Excel 2010 中,当用户希望使标题位于表格中央时,可以使用对齐方式中的(　　)。

A.置中　　B.填充　　C.分散对齐　　D.合并及居中

74.在 Excel 2010 中的某个单元格中输入文字,若要文字能自动换行,可利用"开始"功能区的(　　)图标。

A.数字　　B.自动换行　　C.图案　　D.保护

75.在 Excel 2010 中单元格的格式(　　)更改。

A.一旦确定,将不可　　B.依输入数据的格式而定,并不能

C.可随时　　D.更改后,将不可

76.在 Excel 2010 的页面中,增加页眉和页脚的操作是(　　)。

A."插入"功能区,页眉和页脚

B."页面布局"功能区,页眉和页脚

C.只能执行"页面布局"功能区,"打印标题","页眉/页脚",自定义页眉按钮和自定义页脚按钮

D.只能执行"文件"功能区,"打印"中设置

77.Excel 2010 的"页面布局"功能区的"缩放比例"(　　)。

A.既影响显示时的大小,又影响打印时的大小

B.不影响显示时的大小,但影响打印时的大小

C.既不影响显示时的大小,也不影响打印时的大小

D.影响显示时的大小,但不影响打印时的大小

78.在 Excel 2010 中数据点用条形、线条、柱形、切片、点及其他形状表示,这些形状称作(　　)。

A.数据标示　　B.数据　　C.图表　　D.数组

79.在 Excel 2010 中建立图表时，我们一般(　　)。

A.首先新建一个图表标签　　B.建完图表后，再输入数据

C.在输入的同时，建立图表　　D.先输入数据，再建立图表

80.在 Excel 2010 中图表被选中后，功能区的内容(　　)。

A.发生了变化　　B.没有变化

C.均不能使用　　D.与图表操作无关

81.在 Excel 2010 中图表是(　　)。

A.照片　　B.工作表数据的图形表示

C.可以用画图工具进行编辑的　　D.根据工作表数据用画图工具绘制的

82.在 Excel 2010 中系统默认的图表类型是(　　)。

A.柱形图　　B.圆饼图　　C.面积图　　D.折线图

83.在 Excel 2010 中产生图表的基础数据发生变化后，图表将(　　)。

A.被删除　　B.发生改变，但与数据无关

C.不会改变　　D.发生相应的改变

84.在 Excel 2010 中图表中的图表项(　　)。

A.不可编辑　　B.可以编辑

C.不能移动位置，但可编辑　　D.大小可调整，内容不能改

项目8　PowerPoint 2010软件应用

1.在 PowerPoint 2010 中，如果有额外的一两行不适合文本占位符的文本，则 PowerPoint 2010 会(　　)。

A.不调整文本的大小，也不显示超出部分

B.自动调整文本的大小使其适合占位符

C.不调整文本的大小，超出部分自动移至下一幻灯片

D.不调整文本的大小，但可以在幻灯片放映时用滚动条显示文本

2.PowerPoint 2010 中改变正在编辑的演示文稿主题的方法是(　　)。

A.“设计”功能区的“主题”，任选一个

B.“开始”功能区的“版式”命令

C.“动画”功能区的“动画窗格”命令

D.“开始”功能区的“幻灯片版式”命令

3.在一张幻灯片中，(　　)。

A.只能包含文字信息　　B.只能包含文字与图形对象

C.只能包括文字、图形与声音　　D.可以包含文字、图形、声音、影片等

4.在 PowerPoint 2010 中，演示文稿与幻灯片的关系是(　　)。

A.演示文稿即是幻灯片　　B.演示文稿中包含多张幻灯片

C.幻灯片中包含多个演示文稿　　D.两者无关

5.在幻灯片中给对象添加动作，是为了(　　)。

A.演示文稿内幻灯片的跳转功能

B.出现动画效果

C.用动作按钮控制幻灯片的制作

D.用动作按钮控制幻灯片统一的外观

6.要设置在幻灯片中艺术字的格式，可通过(　　)实现。

A.选定艺术字，在“插入”功能区中选择“艺术字”命令

B.选定艺术字，在“开始”功能区中选择“替换”命令

C.选定艺术字，在“格式”功能区中选择“艺术字样式”中的命令

D.选定艺术字，在“动画”功能中选择“动画”命令

7.如果希望 PowerPoint 2010 演示文稿的作者名出现在所有幻灯片中，则应将其加入到

(　　)。

A.幻灯片母版　　B.备注母版

C.标题母版　　D.幻灯片设计模板

8.将 PowerPoint 2010 演示文稿整体地设置为统一外观的功能是(　　)。

A.统一动画效果　　B.配色方案

C.固定的幻灯片母版　　D.主题

9.在 PowerPoint 2010 幻灯片中,要选定多个对象,可通过(　　)实现。

A.按着 Shift 键的同时,用鼠标单击各个对象

B.按着 Ctrl 键的同时,用鼠标单击各个对象

C.按着 Alt 键的同时,用鼠标单击各个对象

D.按着 Tab 键的同时,用鼠标单击各个对象

10.PowerPoint 2010 中,执行“文件/关闭”命令,则(　　)。

A.关闭 PowerPoint 2010 窗口　　B.关闭正在编辑的演示文稿

C.退出 PowerPoint 2010　　D.关闭所有打开的演示文稿

11.在 PowerPoint 2010 中,幻灯片母版是(　　)。

A.用户定义的第一张幻灯片,以供其他幻灯片套用

B.用于统一演示文稿中各种格式的特殊幻灯片

C.用户定义的幻灯片模板

D.演示文稿的总称

12.为在 PowerPoint 2010 幻灯片放映时,对某张幻灯片加以说明,可(　　)。

A.用鼠标作笔进行勾画

B.在工具栏选“绘图笔”进行勾画

C.在 Windows 画图工具箱中选“绘图笔”进行勾画

D.在幻灯片放映时右击鼠标,在快捷菜单的“指针选项”中选“绘图笔”命令

13.在 PowerPoint 2010 中,若预设动画,应选择(　　)。

A.动画/添加动画　　B.编辑/查找

C.格式/幻灯片版式　　D.插入/影片和声音

14.在 PowerPoint 2010 中,幻灯片(　　)是一种特殊的幻灯片,包含已设定格式的占位符。这些占位符是为标题、主要文本和所有幻灯片中出现的背景项目而设置的。

A.模板　　B.母版　　C.版式　　D.样式

15.PowerPoint 2010 是用于制作(　　)的工具软件。

A.文档文件　　B.演示文稿　　C.模板　　D.动画

16.由 PowerPoint 2010 创建的文档称为(　　)。

A.演示文稿　　B.幻灯片　　C.讲义　　D.多媒体课件

17.PowerPoint 2010 演示文稿文件的扩展名是(　　)。

A.pptx　　B.potx　　C.xlsx　　D.htm

18.演示文稿文件中的每一张演示单页称为(　　)。

A.旁白　　B.讲义　　C.幻灯片　　D.备注

19.PowerPoint 2010 中能对幻灯片进行移动、删除、复制和设置动画效果,但不能对幻灯片进行编辑的视图是(　　)。

A.幻灯片视图　　B.普通视图

C.幻灯片浏览视图　　D.幻灯片放映视图

20.(　　)是事先定义好格式的一批演示文稿方案。

A.主题　　B.母版　　C.版式　　D.幻灯片

21.选择 PowerPoint 2010 中(　　)的"背景"命令可改变幻灯片的背景。

A.设计　　B.幻灯片放映

C.工具　　D.视图

22.PowerPoint 2010 模板文件以(　　)扩展名进行保存。

A.ppt　　B.potx　　C.dot　　D.xlt

23.PowerPoint 2010 的大纲窗格中,不可以(　　)。

A.插入幻灯片　　B.删除幻灯片

C.移动幻灯片　　D.添加文本框

24.在编辑演示文稿时,若要在幻灯片中插入表格、剪贴画或照片等图形,应在(　　)中进行。

A.备注页视图　　B.幻灯片浏览视图

C.幻灯片窗格　　D.大纲窗格

25.演示文稿中每张幻灯片都是基于某种(　　)创建的,它预定义了新建幻灯片的各种占位符布局情况。

A.模板　　B.母版　　C.版式　　D.格式

26.在 PowerPoint 2010 中,设置幻灯片放映时的换页效果为"向下推进",应使用"切换"功能区中的(　　)选项。

A.幻灯片切换　　B.推进　　C.预设动画　　D.自定义动画

27.每个演示文稿都有一个(　　)集合。

A.模板　　B.母版　　C.版式　　D.格式

28.下列操作,不能插入幻灯片的是(　　)。

A."开始"功能区中的"新建幻灯片"按钮

B.在幻灯片窗格操作,光标定位到某一幻灯片后边,回车

C.在大纲窗格操作,光标定位到某一幻灯片后边,回车

D.从"文件"功能区中选择"新建"命令

29.关于插入幻灯片的操作,不正确的一项是( )。

A.选中一张幻灯片,做插入操作

B.插入的幻灯片在选定的幻灯片之前

C.首先确定要插入幻灯片的位置,然后再做插入操作

D.一次可以插入多张幻灯片

30.在幻灯片中设置文本格式,首先要( )标题占位符、文本占位符或文本框。

A.选定 B.单击 C.双击 D.右击

31.对母版的修改将直接反映在( )幻灯片上。

A.每张 B.当前

C.当前幻灯片之后的所有 D.当前幻灯片之前的所有

32.要为所有幻灯片添加编号,( )方法是正确的。

A.执行"插入"功能区→"幻灯片编号"命令即可

B.执行"插入"功能区→"页眉和页脚"命令,在弹出的对话框中选中"幻灯片编号"复选框,然后单击"应用"按钮

C.执行"插入"功能区→"幻灯片编号",勾选"幻灯片编号","全部应用"命令

D.执行"视图"功能区→"幻灯片母版视图","插入"功能区→"幻灯片编号"

33.在 PowerPoint 2010 软件中,可以为文本、图形等对象设置动画效果,以突出重点或增加演示文稿的趣味性。设置动画效果可采用( )功能区的"添加动画"命令。

A.格式 B.动画 C.工具 D.视图

34.要使幻灯片在放映时能够自动播放,需要为其设置( )。

A.超级链接 B.动作 C.排练计时 D.录制旁白

35.在 PowerPoint 2010 中,通过( )功能区可以正确创建 SmartArt 图形。

A.文件 B.插入 C.开始 D.设计

36.在 PowerPoint 2010 中,下列操作能够将演示文稿打包成 CD 的一项是( )。

A."文件"功能区,保存并发送,将演示文稿打包成 CD

B.选中演示文稿文件,右键添加到压缩文件

C."文件"功能区,另存为

D."文件"功能区,另存为选项

37.对于演示文稿中不准备放映的幻灯片可以用( )功能区的"隐藏幻灯片"命令隐藏。

A.文件 B.幻灯片放映 C.视图 D.开始

38.在 PowerPoint 2010 中,可以创建某些( ),在幻灯片放映时单击它们就可以跳转到特定的幻灯片或运行一个嵌入的演示文稿。

A.按钮 B.过程 C.替换 D.粘贴

39.放映幻灯片有多种方法，在缺省状态下，可以不从第一张幻灯片开始放映的是（　　）。

A.“幻灯片放映”功能区中的“从当前幻灯片开始放映”命令

B.视图按钮栏上的“幻灯片放映”按钮

C.“视图”菜单下的“幻灯片放映”命令项

D.在“资源管理器”中，鼠标右击演示文稿文件，在快捷菜单中选择“显示”命令

40.PowerPoint 2010 中，下列裁剪图片的说法错误的一项是（　　）。

A.裁剪图片是指保存图片的大小不变，而将不希望显示的部分隐藏起来

B.当需要重新显示被隐藏的部分时，还可以通过“裁剪”工具进行恢复

C.如果要裁剪图片，单击选定图片，再单击“图片”工具栏中的“裁剪”按钮

D.按住鼠标右键向图片内部拖动时，可以隐藏图片的部分区域

41.若要在 PowerPoint 2010 中插入图片，下列说法错误的一项是（　　）。

A.允许插入在其他图形程序中创建的图片

B.为了将某种格式的图片插入到幻灯片中，必须安装相应的图形过滤器

C.选择插入中的“图片”命令，再选择“来自文件”

D.在插入图片前，不能预览图片

42.PowerPoint 2010 中，关于在幻灯片中插入图表的说法错误的一项是（　　）。

A.可以直接通过复制和粘贴的方式将图表插入到幻灯片中

B.对不含图表占位符的幻灯片可以插入新图表

C.只能通过插入包含图表的新幻灯片来插入图表

D.双击图表占位符可以插入图表

43.PowerPoint 2010 中，下列有关表格的说法错误的一项是（　　）。

A.要向幻灯片中插入表格，需切换到普通视图

B.要向幻灯片中插入表格，需切换到幻灯片视图

C.不能在单元格中插入斜线

D.可以拆分单元格

44.PowerPoint 2010 中，下列说法错误的一项是（　　）。

A.不可以为剪贴画重新上色

B.可以向已存在的幻灯片中插入剪贴画

C.可以修改剪贴画

D.可以利用自动版式建立带剪贴画的幻灯片，用来插入剪贴画

45.PowerPoint 2010 中，下列关于表格的说法错误的一项是（　　）。

A.可以向表格中插入新行和新列　　B.不能合并和拆分单元格

C.可以改变列宽和行高　　D.可以给表格添加边框

46.在 PowerPoint 2010 的（　　）下，可以用拖动方法改变幻灯片的顺序。

A.幻灯片视图　　B.备注页视图

C.幻灯片浏览视图　　D.幻灯片放映

47.在 PowerPoint 2010 中,将已经创建的演示文稿转移到其他没有安装 PowerPoint 2010 软件的机器上放映的命令是(　)。

A.演示文稿打包　　B.演示文稿发送

C.演示文稿复制　　D.设置幻灯片放映

48.PowerPoint 2010 的演示文稿具有幻灯片、幻灯片浏览、备注、幻灯片放映和(　)等 5 种视图。

A.普通　　B.大纲　　C.页面　　D.联机版式

49.演示文稿的基本组成单元是(　)。

A.文本　　B.图形　　C.超链点　　D.幻灯片

50.PowerPoint 2010 中,显示出当前被处理的演示文稿文件名的栏是(　　)。

A.工具栏　　B.菜单栏　　C.标题栏　　D.状态栏

51.PowerPoint 2010 在幻灯片中建立超链接有两种方式:通过把某对象作为"超链点"和(　　)。

A.文本框　　B.文本　　C.图片　　D.动作

52.在 PowerPoint 2010 中,激活超链接的动作可以是在超链点用鼠标"单击"和(　)。

A.移过　　B.拖动　　C.双击　　D.右击

53.剪切幻灯片,首先要选中当前幻灯片,然后(　　)。

A.单击"开始"功能区的"复制"命令　　B.单击"开始"功能区的"剪切"命令

C.按住 Shift 键,然后利用拖放控制点　　D.按住 Ctrl 键,然后利用拖放控制点

54.要实现在播放时幻灯片之间的跳转,可采用的方法是(　)。

A.设置预设动画　　B.设置自定义动画

C.设置幻灯片切换方式　　D.设置动作

55.在 PowerPoint 2010 的打印对话框中,不是合法的"打印内容"的一项是(　)。

A.备注页　　B.幻灯片　　C.讲义　　D.幻灯片浏览

56.在幻灯片的放映过程中要中断放映,可以直接按(　)键。

A.Alt+F4　　B.Ctrl+X　　C.Esc　　D.End

57.当保存演示文稿时,出现"另存为"对话框,则说明(　)。

A.该文件保存时不能用该文件原来的文件名

B.该文件不能保存

C.该文件未保存过

D.该文件已经保存过

58.在 PowerPoint 2010 中,要选定多个图形时,需(　　),然后用鼠标单击要选定的图形

对象。

A.先按住 Alt 键　　B.先按住 Home 键
C.先按住 Shift 键　　D.先按住 Ctrl 键

59.在 PowerPoint 2010 中，若想在一屏内观看多张幻灯片的播放效果，可采用的方法是（　）。

A.切换到幻灯片放映视图　　B.打印预览
C.切换到幻灯片浏览视图　　D.切换到幻灯片大纲视图

60.不能作为 PowerPoint 2010 演示文稿的插入对象的是（　）。

A.图表　　B.Excel 2010 工作簿
C.图像文档　　D.Windows 操作系统

61.在 PowerPoint 2010 中需要帮助时，可以按功能键（　）。

A.F1　　B.F2　　C.F7　　D.F8

62.幻灯片的切换方式是指（　）。

A.在编辑新幻灯片时的过渡形式
B.在编辑幻灯片时切换不同视图
C.在编辑幻灯片时切换不同的设计模板
D.在幻灯片放映时两张幻灯片间过渡形式

63.在 PowerPoint 2010 中，安排幻灯片对象的布局可选择（　）来设置。

A.应用设计模板　　B.幻灯片版式　　C.背景　　D.配色方案

64.在 PowerPoint 2010 中，取消幻灯片中的对象的动画效果可通过执行（　）命令来实现。

A."动画"功能区，"动画窗格"，选中，"无"
B."幻灯片放映"功能区中的"自定义幻灯片放映"
C."幻灯片放映"中的预设动画
D."切换"功能区中的"无"

65.在 PowerPoint 2010 中，文字区的插入条光标存在，证明此时是（　）状态。

A.移动　　B.文字编辑　　C.复制　　D.文字框选取

66.选定演示文稿，若要改变该演示文稿的整体外观，需要进行（　）的操作。

A.单击"开始"功能区中的"重设"命令
B.单击"设计"功能区中的"背景"命令
C.单击"设计"功能区中的"主题"命令
D.单击"开始"功能区中的"版式"命令

67.执行"幻灯片放映"中的"排练计时"命令对幻灯片定时切换后，又执行了"幻灯片放映"中的"设置幻灯片放映"，并在该对话框的"换片方式"选项组中，选择"人工"选项，则下面叙述中不正确的一项是（　）。

A.放映幻灯片时，单击鼠标换片

B.放映幻灯片时，单击“弹出菜单”按钮，选择“下一张”命令进行换片

C.放映幻灯片时，单击鼠标右键弹出快捷菜单按钮，选择“下一张”命令进行换片

D.幻灯片仍然按“排练计时”设定的时间进行换片

68.在 PowerPoint 2010 窗口下使用“大纲”视图，不能进行的操作是(　　)。

A.对图片、图表、图形等进行修改、删除、复制和移动

B.对幻灯片的顺序进行调整

C.对标题的层次和顺序进行改变

D.对标题和文本进行删除或复制

69.在“空白”自动版式的演示文稿内输入“标题”，下列方式中，比较简单方便的是(　　)。

A.使用“幻灯片浏览”视图　　B.使用“大纲”视图

C.使用“幻灯片”视图　　D.使用“备注页”视图

70.在 PowerPoint 2010 中，如果在幻灯片浏览视图中要选定若干张不连续的幻灯片，那么应先按住(　　)键，再分别单击各幻灯片。

A.Tab　　B.Ctrl　　C.Shift　　D.Alt

71.在幻灯片浏览视图中，按住 Ctrl 键，并用鼠标拖动幻灯片，将完成幻灯片的(　　)操作。

A.剪切　　B.移动　　C.复制　　D.删除

基础练习题答案

项目 1　计算机基础概述

1－5　CADCD　　6－10　BABCC　　11－15　ADBCB

16－20　ACADC　　21－25　BDDDA　　26－30　CCBCA

31－35　BACBD　　36－40　BDDDB　　41－45　CACDC

46－50　DBBCB　　51－55　BBBAD　　56－60　ADDCA

61－65　DDCDB　　66－70　ACDCC　　71－75　ABABB

76－80　DACBD　　81－85　DCBAC　　86－90　ACDDD

91－95　ADADA　　96－100　BCACC　　101－105　CBDBB

106－110　BCACD　　111－115　DACAD　　116－120　DCBCD

121－125　ADDBA　　126－129　CCBA

项目2　计算机系统的组成

1—5　BCBBB　6—10　CDADD　11—15　DDADB
16—20　CDDAB　21—25　ACBBD　26—30　CAABD
31—35　CBDCC　36—40　CBADA　41—45　DABBC
46—50　ABBAD　51—55　CDCDC　56—60　BCCBC
61—64　CBAC

项目3　计算机网络基础与 Internet 应用

1—5　BDDAC　6—10　DDCAC　11—15　CDDDB
16—20　BACBA　21—25　ABCCA　26—30　CABAD
31—35　BCCAD　36—40　DBBCA　41—45　DABBC
46—50　AABDC

项目4　多媒体技术基础

1—5　DABCD　6—10　ADADC　11—15　CDDBA
16—20　DDADD　21—25　BCCDB　26—30　BDDCD
31—35　DBBAA　36—40　DCCCA　41—45　BDBBB
46—50　CBCBA　51—55　BADAC　56—60　ADCDA
61—65　CADAA　66—70　AABBA　71—75　BDCDA
76—80　DDDCB　81—85　DCBBC　86—90　DDBCC
91—95　DADAB

项目5　Windows 7 基础操作

1—5　AABCA　6—10　BABDC　11—15　CBCDA
16—20　BCDAA　21—25　ADBCB　26—30　BBBCC
31—35　CACBA　36—40　CCCDC　41—45　CCADC
46—50　DCAAC　51—55　DBABC　56—60　CAACD
61—65　BBCAD　66—70　DDACD

项目6　Word 2010 软件应用

1—5　CBCBC　6—10　AAACB　11—15　CADCC
16—20　DDCCB　21—25　BDBBA　26—30　DAABC
31—35　DCCBB　36—40　CCBCA　41—45　ABDAB
46—49　BACA

项目 7　Excel 2010 软件应用

1—5　CADBC　6—10　CBAAB　11—15　DBBAC
16—20　DBBBA　21—25　DBBAB　26—30　BDBBC
31—35　BBCCD　36—40　CDAAD　41—45　BDABD
46—50　DACAD　51—55　ACCAD　56—60　ADDBB
61—65　DCCDC　66—70　CBBCD　71—75　BCDBC
76—80　ABADA　81—84　BADB

项目 8　PowerPoint 2010 软件应用

1—5　BADBA　6—10　CADAB　11—15　BDABB
16—20　AACCA　21—25　ABDCC　26—30　BBDBA
31—35　ACBCB　36—40　ABABD　41—45　DCCAB
46—50　CABDC　51—55　DCBDD　56—60　CCDCD
61—65　ADBAB　66—70　CDABB　71　C